AF361063

ANTHROPOTOMIE,

OU

L'ART DE DISSÉQUER.

TOME SECOND.

ANTHROPOTOMIE,

OU

L'ART DE DISSÉQUER

LES MUSCLES, LES LIGAMENS,
les Nerfs, & les Vaisseaux sanguins du Corps
humain ;
Auquel on a joint une Histoire succincte de ces Vais-
seaux ; avec la maniere de faire les injections ; de
préparer, de blanchir les os & de dresser les sque-
lettes.
De préparer toutes les différentes parties & de les
conserver préparées, soit dans une liqueur propre
à cet effet, soit en les faisant sécher ; celle d'ou-
vrir & d'embaumer les Cadavres.
On y donne aussi la description des matieres propres
à chacune de ces préparations, & la figure des
instrumens.

TOME SECOND.

A PARIS;

Chez BRIASSON, rue Saint Jacques ;
à la Science, & à l'Ange Gardien.

M. DCC. L.

Avec Approbation & Privilege du Roi.

ANTHROPOTOMIE,
OU
L'ART DE DISSE'QUER
Toutes les parties solides dont le Corps humain est composé.

SECONDE PARTIE,

Qui renferme l'Angeiotomie, la Splanchnotomie, & l'art d'ouvrir & d'embaumer les Cadavres.

LIVRE PREMIER,

De l'Angeiotomie, ou de la Préparation des Artéres & des Veines.

CHAPITRE PREMIER.

De ce qu'on doit observer en général sur ces Vaisseaux.

TOUS les vaisseaux du corps humain sont remplis de différens fluides. Les uns sont destinés à la circulation du sang & des humeurs qu'il ren-

ferme, telles font les *artéres* & **les**
veines fanguines , les *artéres* & les *vei-*
nes lymphatiques , &c. d'autres aux fluides qui forment le fang , tels font les
veines lactées , la *trachée artére* & toute
fa production, les *vaiffeaux inhalans* ou
abforbans , les *vaiffeaux falivaires* ; d'autres comme les *nerfs* , les *pores biliaires,*
les *vaiffeaux urinaires* , &c. font chargés des différens fluides féparés du
fang. D'où il fuit qu'on peut en général réduire tous les vaiffeaux con-
nus du corps humain à trois claffes ;
ranger fous la premiere ceux qui ont
un rapport immédiat au fang ; fous
la feconde , les vaiffeaux qui font
chargés des fluides qui le forment ;
& fous la troifiéme les vaiffeaux qui
reprennent du fang les différens fluides qui en font féparés, à quelque ufage que ces fluides puiffent être def-
tinés.

Les corps animés fe diffipent continuellement. Les pertes qu'ils font
font réparées par les alimens qu'ils
prennent. Il leur falloit donc en eux-
mêmes des racines propres à pomper de ces alimens les fucs analo-
gues à ceux qu'ils perdent. Auffi les
obferve-t-on ces racines , & elles font

autant de vaisseaux ouverts le long du canal intestinal, dans différens points de ce canal, entre les différentes membranes qui le composent, & surtout dans le tissu cellulaire qui unit le péritoine à la membrane musculaire des intestins. Ces vaisseaux concourent tous à la partie concave des intestins, & forment une espèce de réseau, au moyen duquel il y a une libre communication de l'un à l'autre. Ils paroissent plus ou moins gros vers les intestins, si bien que ceux qui sont plus gros se divisent à peu de distance des intestins, tantôt pour s'unir avec leurs voisins ; tantôt en partie pour s'unir avec ces vaisseaux, tandis qu'une autre partie va se jetter dans la première glande conglobée qu'elle rencontre ; tantôt ils se rendent tous à la même ou à différentes glandes. Ils paroissent se réunir à leur sortie de ces glandes, & parcourir quelqu'espace sans se diviser. Ils se divisent ensuite de nouveau, ou pour se rendre immédiatement à d'autres glandes, ou médiatement en communiquant avec d'autres qui y aboutissent ; & cela a lieu jusqu'à ce qu'enfin ne rencontrant plus de glandes, ils fe réuniffent & forment de plus gros troncs qui vont fe rendre dans le canal *thorachique*.

Ce canal dégorge dans le cœur au moyen d'une veine qui s'y rend. C'eſt donc là la ſource principale qui répare continuellement les pertes que fait le ſang pouſſé par le cœur dans toutes les parties du corps.

On doit obſerver ici, comme partout ailleurs où nous nous ſervirons du terme de *communication*, que c'eſt uniquement pour faciliter la deſcription des vaiſſeaux qu'on en fait uſage. En effet toutes les parties ayant été formées en même tems, il n'eſt pas plus vrai de dire de trois vaiſſeaux A. B. C. dont nous aſſignons le commencement a. b. c. & que nous ſuppoſons ſe diviſer en un nombre quelconque de rameaux e. f. g. h. i. k. l. m. n. *&c.* qui unis tous les uns avec les autres, forment un réſeau; que ce ſont les rameaux e. f. g. du vaiſſeau A. qui vont communiquer avec les rameaux i. k. m. n. des autres vaiſſeaux, que de dire que ces rameaux i. k. m. n. vont s'ouvrir dans les rameaux e. f. g. du vaiſſeau A. Ce n'eſt donc que pour ſe repréſenter plus distinctement ce réseau, que les Anatomistes se sont d'abord attachés aux vaisseaux les plus sensibles. Ils ont supposé ensuite ces vaisseaux marcher dans la direction du fluide qu'ils charient , & ils ont dit en les décrivant , qu'ils *marchent*, qu'ils se *portent* , qu'ils se *rendent*, qu'ils se *distribuent* dans telle ou telle partie ; qu'ils se *divisent* en un certain nombre de branches ; que ces branches se *subdivisent* en rameaux , & que ces rameaux *s'ouvrent* , *s'insérent* , *communiquent* , *s'anastomosent* avec les autres qui les environnent. Il paroît que la régle qu'ils ont observé , c'est de regarder comme *ramifications* d'une branche principale tous les rameaux qui communiquant avec d'autres, sont plus petits que ces derniers , & d'appeller *l'endroit le plus petit* de ces deux vaisseaux communicans, le lieu de leur communication. C'est dans ce sens qu'on dit des veines lactées , qu'elles prennent leur origine des intestins ; que quelques-unes plus considérables que les autres (comme je l'ai observé deux fois dans le Cadavre humain) paroissent se diviser en plusieurs branches , se fubdivifer en rameaux qui communiquent avec des branches & des rameaux des veines lactées voifines, ou fe perdent dans les glandes.

Cela fuppofé, nous regarderons le cœur comme un réfervoir où fe rendent tous les fluides du corps humain.

Le cœur eft une machine mufculaire creufe, reffemblante à la moitié d'un cône arrondi par la pointe, fitué obliquement, prefque tranfverfalement dans la partie moyenne & antérieure de la poitrine, un peu plus à gauche qu'à droite ; tellement que fa bafe regarde le côté droit de la poitrine, fa pointe le gauche. Sa face convexe eft fupérieure, fa face plane eft tournée vers le bas-ventre. Son bord antérieur eft plus mince, & fon bord poftérieur plus épais.

On obferve dans le cœur quatre cavités, deux antérieures, dont l'une fupérieure s'appelle *oreillette droite*, l'autre inférieure fe nomme *ventricule droit* ; deux poftérieures, dont on nomme la fupérieure *oreillette gauche*, & l'inférieure *ventricule gauche*. Chaque oreillette a à fa partie poftérieure un ef-

pace plus étendu auquel on donne
le nom de *finus*.

On obferve dans chaque ventricules des paquets de fibres mufculaires attachés par une de leurs extrémités aux parois de ces ventricules,
& par l'autre, au moyen de plufieurs
petits filets qui paroiffent tendineux,
au rebord inférieur d'une membrane
annulaire diverfement échancrée dans
ce bord, & unie par l'autre autour de
l'orifice de l'oreillette & du ventricule. On a donné à ces membranes le
nom de *valvules*, & on les a nommées
mitrales dans le ventricule droit , &
tricus pides dans le ventricule gauche.
Elles font effectivement l'office de
valvule , & elles empêchent que le
fang qui a paffé de l'oreillette dans le
ventricule ne retourne dans cette
oreillette. Il s'éleve de chaque
ventricule du cœur deux gros vaiffeaux garnis à leur origine de trois
valvules demi-circulaires , unies par
leur circonférence aux parois de ces
vaiffeaux & dans le même plan, de
maniere qu'elles fe touchent par l'extrémité de leur diamétre. Ces trois
diamétres mefurent la circonférence
de l'orifice de ces vaiffeaux , & font

tous échancrés par deux petits arcs qui se touchent par une de leurs exmités au milieu de ces diamétres, en y formant un *petit bouton.*

Ces valvules confidérées avec les parois du vaiffeau auquel elles font unies, reffemblent à trois panniers à pigeons placés au-deffus de l'orifice de chaque ventricule ; de forte que le fang qui a paffé de chacun de ces ventricules dans le vaiffeau correfpondant à ce ventricule, ne peut plus y retourner, ou du moins en très-petite quantité. Lorfqu'il eft repouffé par ces vaiffeaux vers le cœur, ces valvules s'abbaiffent & ferment l'orifice de chaque ventricule.

On a donné à ces deux gros vaiffeaux le nom d'*artére.*

Il vient auffi fe rendre au finus droit *deux vaiffeaux,* un fupérieurement, & l'autre inférieurement, & *quatre* au finus gauche ; on les nomme *veines.*

Les *artéres* confidérées dans toute l'étendue de leur diftribution, ont la figure de cônes allongés qui vont en décroiffant à mefure qu'elles fe ramifient ; néanmoins lorfqu'elles parcourent quelqu'efpace fans jetter de rameaux, leurs parois alors ne s'approchent point si sensiblement qu'à l'ordinaire ; elles paroissent même par la suite devenir cylindriques. Leurs diamétres ne diminuent que lentement dans les rameaux capillaires.

Quoiqu'il paroisse, lorsqu'on a fait bouillir les artéres dans l'eau, qu'elles soient composées de *trois membranes* distinctes , & d'un tissu cellulaire très-court situé entre ces membranes pour les unir ; cependant la *membrane externe* n'est elle-même qu'un tissu cellulaire dont la coction a fait resserrer les fibres ; & à moins qu'on ne voulût regarder comme *membrane* externe de ces artéres, celle qui les couvre dans quelques parties , comme la plévre dans la poitrine , le péritoine dans le bas-ventre , le péricarde qui s'éleve sur les grosses artéres à quelque distance de leur embouchure dans le cœur, & qui paroît dégénérer en partie dans le tissu cellulaire, & en partie se réfléchir en bas pour recouvrir ces artéres & le cœur ; la dure-mere qui fournit une guaine à la carotide a son passage dans le crâne , & qui paroît percée par la vertébrale qui se rend aussi dans cet endroit.

Par conséquent la *premiere membrane*
des artéres est *cellulaire*, & elle est
adipeuse dans quelques parties, lorsque la graisse se dépose dans ses cellules, comme on l'observe quelquefois dans la poitrine. On voit au-dessous de ce tissu cellulaire une *membra-*
ne tendineuse, composée de fibres qui
ne sont pas annulaires, quoiqu'elles
le paroissent. Il se trouve entre cette
membrane & *l'interne* unie, polie &
fort mince, un *tissu cellulaire très-court*,
qu'on a assez de peine à distinguer,
& dans lequel se déposent quelquefois des concrétions pierreuses & plâ-
treuses.

Les deux grandes artéres étant con-
sidérées comme deux arbres dont elles
sont le tronc, par rapport à leur division & à leur subdivision, on peut
nommer *branches* les premieres divi-
sons de ces troncs, & *rameaux* la division de ces branches; de maniere
néanmoins que telle division, qui
souvent dans la description n'est re-
gardée que comme une branche ou
un rameau de la grosse artére, est aussi
considérée comme un tronc par rapport à ses divisions & à ses subdivisions, par rapport à la partie dans

laquelle elle se distribue , & ainsi de suite. Je m'explique, & je dis que dans la supposition que j'eus à décrire une artére **A.** je la supposerois (pour décrire plus particuliérement les autres artéres plus petites qu'elles qui paroissent en dépendre) être le tronc ; puis la suivant dans la directiou du fluide qui y circule (& dans un sens contraire par rapport aux veines) je dirois des premieres artéres B, C que je rencontrerois , qu'elles sont des branches de ce tronc. Suivant ensuite ces branches B & C , je nommerois *rameaux* les premieres artéres D , E , F , *&c.* que j'observerois partir de ces branches B, C ; & si j'avois dessein de suivre plus loin la distribution de ces artéres , je considérerois ces branches B & C , & même ces rameaux D , E , F , *&c.* comme un tronc , & je les décrirois comme ci-dessus leur distribution.

Il part de chaque tronc artériel des rameaux qui se divisent & se subdivisent en d'autres plus petits , dont on découvre à peine la fin. La somme des orifices des branches produites par un tronc est toujours plus grande que l'orifice de ce tronc.

Chaque artére s'élargit au-deſſous de ſa diviſion , & les branches en partent pour l'ordinaire en formant avec elles un angle aigu par rapport à la direction du fluide qui y circule. D'autrefois l'angle que ces branches forment avec le tronc d'où elles partent eſt obtu par rapport à cette même direction , c'eſt-à-dire , qu'il eſt plus incliné dans ſon origine vers ce tronc, dans un ſens oppoſé à cette direction. On voit rarement deux grandes artéres concourir enſemble pour ne former qu'un ſeul tronc.

Les artéres ſe diviſent & ſe ſubdiviſent en un nombre infini de rameaux plus petits , qui s'uniſſant avec leurs voiſins, forment des *réſeaux*, ſoutiennent & colorent des membranes. On n'obſerve point de pareils réſeaux dans les glandes ; les rameaux au contraire y paroiſſent quelquefois paralleles , quelquefois en zigue-zague , quelquefois comme des *pinceaux*, des *arbriſſeaux*, des *franges*, ſuivant les différentes fonctions de ces glandes.

Les artéres ſe terminent auſſi dans des canaux excréteurs avec leſquels elles communiquent, ſans qu'on puiſ-

se appercevoir cette communication
qui d'ailleurs est prouvée par l'injection qui de ces artéres passe dans ces
canaux. Les artéres dégénérent aussi
dans des artéres d'un autre genre,
c'est-à-dire , dans celles auxquelles
on a donné un nom différent par
rapport à ce qu'elles sont si petites ,
que la partie rouge du sang n'y passe
que dans des cas extraordinaires.

D'autrefois enfin elles se terminent
sous le nom d'*artéres éxhalantes* dans
différentes parties, à la peau , à toutes les membranes qui tapissent quelque cavité , dans tous les ventricules
du cerveau , dans les deux chambres
de l'œil , dans toutes les cellules adi-
peuses, dans les vésicules du poumon, dans la cavité de l'estomac ,
des intestins & de la trachée artére.
C'est là ce qui s'observe dans la distribution des artéres. Quant à leur
division en *artéres rouges* , en *artéres
séreuses*, en *artéres lymphatiques.*, & enfin en *artéres d'autres genres inférieurs* ou
plus petites que les lymphatiques, par
rapport aux différentes parties du
sang ; non-seulement on ne peut les
faire voir , mais encore il paroît que
ces divisions & ces subdivisions n'au-

roient point lieu dans tous les rameaux des artéres rouges, d'autant
que le fang paffe facilement dans les
artéres lymphatiques, dans les artéres
éxhalantes des inteftins, &c. ce qui
n'arriveroit point fi le fang avoit à
traverfer des vaiffeaux d'un genre inférieur à ceux-ci.

Les veines reffemblent aux artéres
en plufieurs points ; & nous pouvons
dire, pour nous les repréfenter toutes en même tems, en leur affi-
gnant un commencement & une
fin, que le fommet du cône qu'elles paroiffent former eft à l'extrémité
des rameaux, & la bafe dans les troncs
principaux qui fe terminent dans le
cœur, & dans un tronc fitué entre
le foie & le pancréas. Les fluides
qu'elles renferment s'y meuvent des
rameaux dans les troncs, fi on en ex-
cepte une nommée *veine porte hépati-*
que qui a un tronc commun avec la
veine porte méfentérique, & dans laquelle
le fang qui revient par cette derniere
fe meut dans la veine porte hépatique de la même façon que dans les
artéres.

Les veines font minces, polies,
difficiles à féparer en plufieurs mem-

branes. Elles ont néanmoins assez de
solidité & de ressort pour chasser avec
jet l'injection dont on les a gonflées,
si on les ouvre lorsque cette injection
est encore fluide. Elles ne se sou-
tiennent point lorsqu'elles sont coupées, à moins qu'elles ne soient sou-
tenues par un tissu cellulaire plus
ferme qui les environne , comme on
l'observe dans le foie & dans la matrice. Elles ne battent point , si ce
n'est lorsqu'il se fait obstruction dans
quelques-unes de leurs parties , ou
lorsque le sang est poussé de l'oreillette droite du cœur dans la veine
cave.

Elles sont en beaucoup plus grand
nombre que les artéres qu'elles accompagnent dans toutes leurs divisions , & auxquelles elles sont ados-
sées & unies par un tissu cellulaire
très-court, comme on l'observe surtout dans les extrémités dans lesquelles chaque artére se trouve serrée au
milieu de deux veines qui communiquent assez fréquemment de l'une à
l'autre par des canaux courts qui croi-
sent cette artére.

Outre ces veines qui accompagnent les artéres , & qui sont plus

nombreuſes & plus groſſes qu'elles, on en obſerve un très-grand nombre ſous la peau du col, de la main, de l'avant-bras, du pied & de la jambe. Elles différent partout, & elles varient beaucoup dans leur diſtribution.

On voit aſſez fréquemment de groſſes veines communiquer les unes avec les autres. Elles ſont continues aux artéres, de quelque façon que ce puiſſe être, l'injection paſſant facilement des artéres dans les veines.

Les veines des plus petits genres, comme les veines lymphatiques, le canal thorachique, ſont des racines de ces mêmes veines.

Les veines abſorbentes de toute la ſuperficie du corps, des cavités de l'œil, des inteſtins, de la poitrine, du bas-ventre, du péricarde, des ventricules, du cerveau, peuvent être conſidérées comme autant de racines des veines en général; c'eſt-à-dire, que ces veines ſont ouvertes dans ces cavités, & qu'elles en pompent différens fluides qui paſſent dans les gros troncs, & de-là au cœur.

Les veines ſont garnies de valvules de diſtance en diſtance. Ces valvules

vules font comme autant de petites voiles demi-circulaires, qui cédent à l'effort du fluide porté des rameaux dans les troncs, & qui s'étendent & bouchent le passage, lorsque la liqueur vient à refluer du tronc dans les rameaux. Ces valvules font en très-grand nombre dans les grandes veines fanguines, dans toutes les veines fous-cutanées, dans les veines des extrémités, dans celles du col, de la face, de la langue, de la verge. Il n'y en a aucune dans les veines des grands viscéres, par exemple, du cerveau, du poumon, du cœur, du foie. Enfin il ne s'en trouve aucune dans les veines dont le diamétre est moindre qu'une ligne.

Les injections qui paffent des artéres dans les veines, la ligature, *&c.* font des preuves démonftratives du commerce de ces vaiffeaux, tel qu'il puiffe être.

Les rameaux des veines fe réuniffent & forment des branches, ces branches par leurs réunions forment des troncs, jufqu'à ce qu'enfin elles fe terminent toutes dans *fept troncs*, dont fix dégorgent dans le cœur, quatre dans le finus gauche du cœur,

ſous le nom de *veine pulmonaire*, deux
d ans le ſinus droit, l'un ſupérieure-
ment ſous le nom de *veine cave deſ-*
cendente ou *ſupérieure* , & l'autre inférieurement ſous le nom de *veine ca-*
ve aſcendente ou *inférieure*. Le ſeptié-
me tronc ſe termine dans le foie en
s'y diviſant & s'y ſubdiviſant en un
nombre infini de rameaux.

Le ſang rapporté de toutes les
parties du corps dans le ſinus & dans
l'oreillette droite , paſſe donc de-là
dans le ventricule droit, du ventricule droit par l'artére pulmonaire,
des rameaux de cette artére par ceux
de la veine pulmonaire , de la veine
pulmonaire par le ſinus & par l'oreillette gauche; de-là par le ventricule gauche , du ventricule gauche par
l'aorte , pour aller dans toutes les parties du corps , d'où il eſt rapporté
dans le ſinus & dans l'oreillette droite. C'eſt là ce qu'on appelle *circu-*
lation.

CHAPITRE SECOND.
De la Distribution des Artéres.

IL fort de chaque ventricule du cœur une artére. L'*artére pulmonaire* vient du ventricule droit, & se distribue au poumon. L'*aorte* part du ventricule gauche, à la sortie duquel elle s'éleve obliquement de gauche à droite, entre la veine cave & l'artére pulmonaire, vis-à-vis la quatriéme vertébre du dos ; après quoi elle se coude de droite à gauche devant la seconde vertébre du dos, & elle descend le long de la partie latérale gauche du corps de ces vertébres. Elle passe à travers le diaphragme, gagne peu à peu la partie antérieure des vertébres des lombes ; & parvenue au-dessus de la derniere, elle se divise en deux branches principales. L'aorte dans ce trajet jette *plusieurs branches.* Les deux premieres s'observent à sa sortie du cœur, & se nomment *artéres coronaires.* Elles naissent de l'aorte au-dessus des valvules sémi-lunaires situées

B ij

du côté de l'oreillette droite & de l'artére pulmonaire, de sorte que l'une paſſe antérieurement au - deſſous de l'oreillette droite, entre l'artére pulmonaire & cette oreillette, tandis que l'autre rampe autour de la partie antérieure & inférieure de l'oreillette gauche, & ſe diſtribue au côté gauche du cœur.

Du haut de la courbure de l'aorte (*la croſſe*), il s'éleve ordinairement trois groſſes artéres, la *ſous-claviére droite*, la *carotide gauche* & la *ſous-claviére gauche*. L'aorte depuis la croſſe juſqu'au diaphragme, jette ordinairement & antérieurement les *bronchiales* & les *éſophagiennes* ; ſur les parties latérales, les *intercoſtales*. Du diaphragme à la partie ſupérieure de l'os ſacrum, elle jette antérieurement les *diaphragmatiques*, la *cœliaque*, la *méſentérique ſupérieure*, quelquefois les *artéres ſpermatiques*, la *méſentérique inférieure* ; latéralement, les artéres *émulgentes* & les *lombaires* ; poſtérieurement, l'artére *ſacrée*. Elle ſe diviſe enſuite, comme nous l'avons dit, en deux branches nommées *iliaques*.

Les carotides ſont deux artéres qui portent le ſang à la tête. La *carotide gauche* vient de la crosse de l'aorte, & la *droite* naît de la sous-claviére droite. Ces deux artéres montent chacune de leur côté le long des parties latérales de la trachée artére ; & lorsqu'elles sont parvenues vers la partie supérieure & latérale du larynx, elles se divisent ordinairement en deux branches principales, dont l'une postérieure se nomme *carotide interne*, & l'autre antérieure prend le nom de *carotide externe.*

La carotide externe se subdivise ordinairement en sept rameaux principaux, savoir, la *thyréoïdienne* supérieure, la *pharyngée*, la *linguale*, la *labiale*, la *temporale*, la *maxillaire* & l'occipitale.

La *thyréoïdienne* naît de la partie interne de la carotide externe, au commencement de cette artére. Elle forme en haut un petit coude, & se divise ensuite en plusieurs rameaux, dont l'*un* se distribue au larynx entre l'os hyoïde & le cartilage thyréoïde, & se nomme artére *laryngée*. Cette artére vient quelquefois immédiatement de la carotide externe. Les autres rameaux de l'artére thyréoïdienne se distribuent à la glande thyréoïde , aux muscles voisins , & quelques-uns de ces rameaux communiquent avec d'autres de l'artére thyréoïdienne du côté opposé.

La *pharyngée* sort immédiatement au-dessus de la thyréoïdienne , de la partie postérieure de la carotide externe ; monte jusqu'à la partie supérieure du pharynx, entre les deux carotides ; & lorsqu'elle est parvenue à la partie inférieure du crâne , elle se distribue au pharynx & aux muscles des parties voisines.

La *linguale* , appellée ordinairement *sublinguale* , est la troisiéme branche qui part de la partie latérale interne de la carotide externe. Elle se coude d'abord en forme d'S au-dessus de l'os hyoïde, & se porte en serpentant le long de la partie supérieure de la corne de ces os , entre le basioglosse , le cérato-glosse & le génioglosse. Elle jette avant & dans ce trajet *plusieurs rameaux* aux parties qui l'environnent , & elle se subdivise vers la partie inférieure du basio-glosse en *deux rameaux* , dont l'*un* qu'on peut appeller *sublingual* , se porte entre la glande sublinguale & le génio-hyoïdien , jusqu'à la symphyse du menton , où il s'anaftomofe avec l'artére fous-mentoniere; *l'autre*, qu'on peut nommer *artére ranine*, ferpente entre le mufcle tranfverfe de la langue & le génio-gloffe , accompagné d'une veine & d'un rameau de nerf de la troifiéme branche de la cinquiéme paire , s'étend jufqu'à l'extrémité de la langue où il devient fouf-cutané , & s'y fubdivife en *plufieurs rameaux*.

La *labiale* , qu'on nomme ordinairement *maxillaire externe* , naît de la partie latérale interne de la carotide externe , immédiatement au-deffus de la linguale. Elle monte en dedans en fe fléchiffant , & elle eft recouverte par le ftylo-hyoïdien & le tendon du digaftrique. Elle jette dans fon trajet jufqu'à l'artére maxillaire , la *palatine* qui fe diftribue au milo-hyoïdien , au ptérygoïdien interne , au pharynx, aux gencives , *&c.* Lorf-qu'elle eft arrivée vers la glande maxillaire , elle fe porte de dedans en devant , & jette plufieurs *rameaux* à cette glande & aux autres parties. Elle fe partage en *deux branches* , dont la principale monte fur le bord de la mâchoire vers le bord anté-

rieur du muscle maffeter, & confer-
ve le nom de *labiale* ; l'autre rampe
fous le menton , & prend le nom de
fous-mentonniere.

La labiale parvenue à côté du maffeter , accompagnée à fa partie latérale externe d'une veine , eft prefque couverte de graiffe jufqu'à ce
qu'elle foit au-deffous de l'angle de
la bouche. Elle jette dans ce trajet
plufieurs rameaux au maffeter. Ces
rameaux communiquent avec ceux
de la temporale. Elle pouffe en dedans quelques artéres latérales inférieures, favoir, 1°. la *mufculaire* de
la lévre inférieure , qui s'anaftomofe
avec la maxillaire inférieure & avec
la fous-mentonniere ; 2°. La *coronaire*
de la lévre inférieure au-deffous de
l'angle de la bouche. Elle eft recouverte par le zigomatique & par les
autres mufcles qui concourent enfemble dans cette partie , & il en
part latéralement & extérieurement
différens rameaux qui fe diftribuent au
buccinateur & aux autres parties, &
en dedans la *coronaire* de la lévre inférieure qui va en ferpentant le long
de cette lévre communiquer avec
celle du côté oppofé.

La

La labiale arrivée vers la lévre fupérieure fe divife de nouveau en *deux
branches*, dont l'une côtoye la lévre fupérieure, fous le nom de *coronaire fupérieure*, jette plufieurs rameaux aux glandes & aux narines, &
communique avec celle du côté oppofé. L'autre branche monte le long
des parties latérales du nez, fur lequel elle jette auffi plufieurs rameaux
aux paupiéres; elle communique avec
la fous-orbitaire vers le grand angle
de l'œil, où elle fe nomme *angulaire*;
elle communique dans cet endroit
avec l'opthalmique, & elle fe perd
avec elle fur le front, où elle s'a-
naftomofe avec des rameaux de l'artére temporale antérieure.

La carotide externe monte entre la
partie poftérieure de la mâchoire inférieure & l'apophyfe maftoïde, à
travers la glande parotide. Cette artére arrivée fous cette glande, jette
poftérieurement l'*artére occipitale*.

L'*artére occipitale* fe porte vers l'a-
pophyfe maftoïde, où elle fe divife en trois branches principales.
L'extérieure de ces branches, nommée *auriculaire poftérieure*, fe diftribue à la partie poftérieure de l'oreil-

le externe. L'auriculaire poſtérieure vient quelquefois de la partie poſtérieure de la carotide externe , marche en arriére à travers la parotide ſur le digaſtrique. Parvenue au conduit auditif , elle jette un *rameau,* & quelquefois la *ſtylomaſtoïdienne.* Elle monte de-là dans l'angle que l'oreille forme avec la tête , où après avoir jetté pluſieurs rameaux aux différentes parties de l'oreille , elle va s'anaſtomoſer avec l'occipitale & la temporale poſtérieure , & ſe diſtribuer aux environs.

La *branche poſtérieure* de l'occipitale rampe ſur le ſplénius , & ſe diſtribue aux parties qui l'environnent.

L'antérieure , nommée *ſtylo-maſtoïdienne,* va gagner le trou ſtylo-maſtoïdien. Cette artére vient quelquefois de la partie poſtérieure de la carotide externe , au-deſſus de l'occipitale, & d'autres fois de l'auriculaire poſtérieure; elle jette avant ſon entrée dans le trou ſtylo-maſtoïdien , quelques rameaux au conduit de l'oreille. Quelques-uns de ces rameaux communiquent avec d'autres de l'artére articulaire de la mâchoire , pour former l'*artére coronaire* qui côtoye la partie osseuse du conduit auditif , & qui fournit l'*artériole* qui descend sur la membrane du tambour, parallelement au marteau. L'artére stylo-mastoïdienne entrée dans le trou stylo-mastoïdien , se distribue aux cellules de l'apophyse mastoïde, aux canaux demi-circulaires , *&c.*

La carotide externe arrivée vers la partie antérieure de l'apophyse mastoïde , se divise en deux branches, dont l'une se coude en devant, (on la nomme *maxillaire interne*) vis-à-vis la partie moyenne & postérieure de la mâchoire inférieure ; & l'autre, nommée *artére temporale* , serpente à travers la parotide à laquelle elle fournit plusieurs rameaux.

La carotide externe parvenue à la partie inférieure de l'oreille , se divise en *deux branches.* L'externe de ces branches monte à la partie antérieure de l'oreille , & se nomme la *temporale superficielle* ; l'autre interne passe sous le muscle crotaphite, & s'appelle *temporale profonde.*

La *temporale superficielle* jette devant l'oreille plusieurs rameaux : elle se divise ensuite en deux rameaux , dont l'un s'appelle *artére temporale an-térieure* ou *frontale*, & l'autre *tempo-porale poftérieure.*

La *frontale* fe porte obliquement fur la fuperficie du mufcle temporal, vers le front, où elle fe divife en plufieurs rameaux, dont quelques-uns communiquent avec ceux de l'opthalmique & avec la temporale poftérieure.

La temporale poftérieure eft cuta-née, placée fur l'aponévrofe du muf-cle temporal, & fe porte vers les parties latérales & poftérieures de la tête, où elle fe fubdivife en plufieurs rameaux, dont quelques-uns fe dif-tribuent à la partie fupérieure de l'oreille externe & aux autres parties voifines, & d'autres communiquent avec des rameaux de l'occipitale.

La *maxillaire interne* eft quelque-fois plus groffe que la temporale, Cette artére vient de la partie anté-rieure de la carotide externe, paffe fur le ligament de la mâchoire infé-rieure, fe rend au-deffous du con-dyle de cette mâchoire, defcend jufqu'à fon angle au-deffus & le long du mufcle ptérygoïdien interne, fe termine au-deffous de l'articulation de la mâchoire, fe cache un peu en arriére derriére la mâchoire devant le muscle ptérygoïdien externe. Cette artére, après avoir parcouru l'espace d'environ six lignes, change de direction & monte presque vers l'arcade zigomatique. Alors elle se porte plus obliquement en haut & en devant, le long de la partie moyenne de l'aile externe de l'apophyse ptérygoïde, jusqu'à ce qu'elle soit parvenue jusqu'au bord de l'os maxillaire, vers l'extrémité interne de la fente sphéno-maxillaire. De-là elle se coude de diverses manieres, & elle monte en devant vers la fente sphéno-maxillaire en se cachant toujours d'autant plus qu'elle est supérieure, jusqu'à la partie postérieure de la fente orbitaire inférieure. Dans l'endroit où elle produit la sous-orbitaire, elle change de direction, se courbe en dedans en parcourant l'espace de six lignes environ, & se perd en se divisant en trois ou quatre rameaux. Entre tous les différens rameaux qu'elle jette, elle produit l'*artére épineuse* ou l'artére *de la dure-mere*, *la maxillaire inférieure*, *les ptérygoïdiennes*, *la temporale profonde externe*, *la temporale profonde interne*, *la buccale*, *l'al-*

véolaire, la ſous-orbitaire, *la palatine,*
la pharyngée ſupérieure.

L'*artére épineuſe* s'éleve de la partie
ſupérieure de l'artére maxillaire (quelquefois ſi près de ſon origine qu'on la
prendroit pour une branche de la
temporale) vers le trou épineux. Elle
jette avant que d'y entrer, pluſieurs
rameaux, & ſe diſtribue à ſon entrée dans le crâne, à la dure-mere
dont elle eſt l'artére principale.

La *maxillaire inférieure* part de la
maxillaire interne, à ſix ou huit lignes
de l'origine de cette artére. Elle deſcend en devant avec le nerf qui entre
dans le canal de la mâchoire inférieure; & après avoir jetté un rameau
aſſez conſidérable au muſcle ptérygoïdien interne, elle entre avec le
nerf dans le conduit de la mâchoire
inférieure pour ſe diſtribuer aux dents,
& elle en ſort par le trou mentonnier
antérieur pour communiquer, comme on l'a dit ci-deſſus, avec la ſous-
mentonniere, *&c.*

Les artéres ptérygoïdiennes ſont des
branches de la maxillaire qui ſe diſtribuent principalement aux muſcles
ptérygoïdiens.

La temporale profonde externe naît au-deſſous de l'endroit où la maxillaire touche l'arcade zygomatique. Elle monte de-là le long du muſcle temporal, devant le ptérygoïdien externe. Elle vient vers cette partie de l'os des tempes, où la partie écailleuſe de cet os eſt articulée avec les grandes ailes de l'os ſphénoïde. Elle ſe perd dans le muſcle temporal, dans le péricrâne, & elle jette quelques rameaux au maſſeter, & preſque toujours au ptérygoïdien externe.

La temporale interne profonde naît preſque tranſverſalement de la maxillaire, dans l'endroit où cette artére s'adapte au ſinus maxillaire. Elle monte parallelement à la temporale profonde externe, par-deſſous l'arcade zygomatique, dans la foſſe zygomatique, & ſe termine comme la premiere.

La buccale eſt quelquefois un des rameaux le plus conſidérable, ou le tronc même de l'artére alvéolaire ; cependant la buccale naît quelquefois de la temporale profonde, d'autrefois de la ſous-orbitaire. Elle jette des rameaux au buccinateur, au zygomatique, au releveur propre de la lévre ſupérieure, &c.

L'alvéolaire eſt une artére aſſez con-

fidérable & égale à la maxillaire inférieure. On l'obferve conftamment.
Elle monte prefque toujours en ferpentant à travers les gencives , dans
la face , fe diftribue aux parties qui
l'environnent , & fournit l'artére *den-
taire* de la mâchoire fupérieure.

La *fous-orbitaire* naît quelquefois
d'un tronc qui lui eft commun avec
l'alvéolaire , au-deffous de la partie
poftérieure de la foffe orbitaire & du
fillon qui conduit dans le canal fous-
orbitaire ; de-là elle rampe, en fe tortillant, dans la gouttiére de l'os maxillaire. Enfuite elle fort du conduit
de cet os par le trou orbitaire inférieur, où elle fe diftribue à la face, &
communique avec l'opthalmique ,
avec la faciale & avec une artére qui
accompagne le mufcle buccinateur.
Cette artére en traverfant ce conduit,
jette auffi quelques rameaux au finus
maxillaire.

La palatine fupérieure vient de la maxillaire, un peu au-deffous de l'endroit
où cette artére fe termine quelquefois.
Elle eft quelquefois double, triple, &
d'autres fois fimple. Elle fe divife peu
après en deux ; de-là elle defcend
par le conduit ptérygo-palatin. La

branche postérieure s'incline un peu en arriére , & se termine vers la partie postérieure du palais osseux & la plus voisine du voile du palais , dans les glandes & dans les membranes de ce voile. La *branche antérieure* plus considérable , se rend antérieurement par le trou palatin dans le palais osseux ; elle se porte en devant au-dessous des dents , & forme un réseau admirable au-dessous de l'os maxillaire auquel elle jette plusieurs rameaux, de même qu'à la substance pulpeuse du palais.

La pharyngée supérieure sort de la maxillaire, vis-à-vis la partie supérieure du sinus maxillaire. Elle monte postérieurement derriére les sinus sphénoïdaux, se distribue dans la partie tendineuse du pharynx située au-dessous de la fosse pituitaire , & jette différens rameaux à l'os sphénoïde , dont quelques-uns le traversent.

La *carotide interne* monte sans jetter aucun rameau ; & après avoir formé un coude plus ou moins considérable à travers son conduit dans le rocher , où elle est environnée d'une guaine de la dure-mere , elle se porte de-là en haut vers la partie latérale

& poftérieure de la foſſe pituitaire ; d'où elle s'incline en devant, & ſe courbe ſur les parties latérales de cette foſſe, au milieu du ſinus caverneux. Elle jette dans ce ſinus des petits rameaux à la cinquiéme paire, à la dure - mere, à l'entonnoir ; & lorſqu'elle eſt parvenue à la partie latérale & antérieure de la foſſe pituitaire, elle ſe coude pour ſe perdre dans le cerveau. C'eſt de la convexité de ce coude que naît *l'artére opthalmique.*

Le tronc de la carotide interne ſe courbe de nouveau en arriere, entre dans la pie-mere ; après avoir jetté des rameaux au pont de varole, aux cuiſſes du cerveau, & au plexus choroïde un *rameau* qui accompagne le nerf optique, il ſe diviſe en deux branches, une *antérieure* & une *poſtérieure.*

La *branche antérieure* s'unit par un canal de communication très - court avec celle du côté oppoſé, ſe porte, en ſe coudant en devant, un peu au-deſſus des parties latérales de l'os ethmoïde, & ſe diſtribue à la face interne de l'hémiſphére du cerveau du même côté.

La *branche postérieure* communique postérieurement avec la vertébrale, entre dans la grande sciffure de Sylvius, où elle se divise en plusieurs rameaux qui se distribuent à la partie convexe de l'hémisphére du cerveau du même côté.

L'*artére opthalmique* monte au-deffous du nerf optique, pousse des rameaux au cils, à la glande lacrymale, au nez & au muscle des paupiéres, & se termine enfin dans la face, sur le front, sur le nez & sur les parties voisines. D'autres *rameaux* de cette artére se distribuent aux parties internes du globe de l'œil.

Les *sous-claviéres* prennent leur origine de la croffe de l'aorte, une de chaque côté. La *sous-claviére droite* est plus groffe que la *gauche*, parce qu'elle produit la carotide droite. Elle jette quelquefois en dedans, avant de produire la carotide, *un* ou *deux rameaux* qui se distribuent à la partie inférieure de la glande thyroïde. Chacune de ces artéres se porte vers le muscle scalene, à travers la premiere portion de ce muscle, à la sortie duquel elles prennent peu après le nom d'*axillaire*.

La fous-claviére dans ce trajet jette *la vertébrale, la mammaire interne, l'intercostale supérieure, la cervicale superficielle, la cervicale profonde & la thyroïdienne inférieure.*

La *vertébrale* fort de la partie poftérieure de la fous-claviére, fous la portion du fcalene qu'elle traverfe ; elle monte de-là en fe portant en dehors, & elle entre ordinairement dans le trou de l'apophyfe tranfverfe de la fixiéme vertébre du col, quelquefois de la troifiéme ou quatriéme. Je l'ai vû partir de l'aorte. Elle eft quelquefois double. Elle enfile donc le canal des apophyfes tranfverfes en fe tortillant jufqu'à l'atlas. Elle fe contourne dans cet endroit de dedans en dehors, au-deffous de la longue apophyfe tranfverfe de cette vertébre, pour paffer par le trou de cette apophyfe, & puis de dehors en dedans & en arriére, fur cette même apophyfe, dans fon fillon ; de-là elle entre dans le crâne par le trou occipital. Elle jette dans ce trajet plufieurs *rameaux* à la moëlle épiniere & aux mufcles du col, au moyen defquels elle communique avec la thyroïdienne inférieure. Un ou deux de ces rameaux s'anaftomofent avec l'artére fpinale antérieure. Enfin la vertébrale jette au-deffus de l'atlas un *grand rameau* mufculaire qui communique avec la cervicale fupérieure , & fur l'atlas un rameau à l'occiput & un à la dure-mere de la moëlle épiniere , entre l'atlas & l'occiput , & elle communique par un autre *rameau* avec l'occipitale; elle entre de-là dans le crâne, obliquement , de dehors en dedans, fur l'apophyfe cuneïforme de l'os occipital ; d'où il arrive que les deux artéres vertébrales concourent enfemble fous la protubérance annulaire , & ne forment plus qu'un feul tronc nommé *artére bafilaire.* Les vertébrales , avant leur union , jettent des branches au cervelet , au quatriéme ventricule , & les *artéres épinieres* qui quelquefois naiffent de la bafilaire.

La *bafilaire* fe diftribue à la moëlle allongée & aux cuiffes du cerveau. Elle jette outre cela des rameaux au cervelet , à la partie antérieure du quatriéme ventricule , à l'oreille interne , & fe divife enfin devant la protubérance annulaire en *deux branches* principales qui communiquent avec les branches poftérieures de la carotide interne, & se distribuent aux lobes postérieurs du cerveau, aux nàtès, aux tètès, au plexus choroïde, *&c.*

Les *mammaires* internes, la *droite* & la *gauche*, naissent de la partie antérieure de la sous-claviére. Elles descendent en dedans de la poitrine, antérieurement, sur la plévre, dans la cavité du médiastin, & derriere la partie moyenne des cartilages qui unissent les vraies côtes au sternum. Chacune jette ordinairement, avant que d'arriver dans cet endroit, un *rameau* qui passe sous la clavicule, & se termine sur l'épaule. La mammaire descend ensuite derriere les cartilages des côtes, fort près du sternum, entre les muscles intercostaux internes & les sterno-costaux, de sorte qu'elle se détourne peu à peu en dehors, depuis la troisiéme côte jusqu'au bord inférieur de la septiéme ou huitiéme, au-dessous duquel elle fort, & n'est plus recouverte que des muscles. Elle jette dans l'espace qu'elle parcourt dans la poitrine, des *rameaux* aux bronches, au thymus, au médiastin, au péricarde, à la plévre, qui se nomment *artéres bronchiales*, *thymiques*, *médiastines*, &c. Elle en fournit d'*autres* qui percent à travers les muscles, & se rendent à la partie antérieure de la poitrine où ils communiquent avec les thorachiques; d'*autres* entre les espaces de chaque côte. Les derniers s'anastomosent avec les intercostales, & sur le sternum avec celle du côté opposé. Enfin l'artére mammaire se termine dans le muscle droit, où elle communique plusieurs fois avec l'épigastrique.

L'intercostale supérieure vient de la partie inférieure de la sous-claviére, à quelque distance de la mammaire, & rampe sur la face interne des deux ou trois premieres côtes proche les vertébres. Elle se distribue aux muscles intercostaux & à la moëlle épiniere, & elle communique avec les intercostales supérieures de l'aorte.

La scapulaire supérieure vient ordinairement de la sous-claviére, avant sa sortie du muscle scalene. De-là, cette artére se porte presque transversalement au-dessus de la clavicule, où elle est couverte par les racines des nerfs brachiaux qu'elle accompagne. Elle se distribue au scalene, à la partie supérieure de l'épaule, à fes mufcles & à ceux du col, *&c.*

La *cervicale profonde* ou la *poſtérieure* vient de la ſous - claviére, dans le paſſage de cette artére ſous le ſcalene. Elle jette d'abord des *rameaux*, devant le corps des vertébres inférieures du col, au ſcalene ; enſuite couverte par la portion courte du ſcalene & par d'autres mufcles du col, elle s'engage par-deſſous l'apophyſe tranſverſe de la derniere vertébre du col; elle mon-te poſtérieurement en ſerpentant en-tre le muſcle intranſverſaire épineux & les apophyſes tranſverſes ; elle jette de part & d'autre pluſieurs *rameaux*, & s'avance juſqu'à l'occiput, où elle communique avec la vertébrale. & l'occipitale.

La *thyroïdienne inférieure* s'éleve de la partie ſupérieure de la ſous-clavié-re, obliquement, de dedans en dehors, ſur le corps des vertébres inférieures du col ; & lorſqu'elle eſt parvenue vis-à-vis la glande thyroïde, ou la quatriéme ou cinquiéme vertébre du col, elle ſe coude de dehors en de-dans, & va ſe diſtribuer à la partie inférieure de la glande thyroïde & au larynx. Cette artére ſe diviſe à ſon origine en trois ou quatre *ra-*

meaux

meaux, dont le premier superficiel, parallele au bord postérieur de la clavicule, qui quelquefois vient de la mammaire ou de l'intercostale supérieure, se nomme *scapulaire transverse*, & finit, après avoir jetté plusieurs *rameaux* à la partie supérieure de l'épaule. Le second, nommé le *transversaire du col*, se porte transversalement sur le col, & se distribue à différens muscles. Le troisiéme, qui s'observe toujours, monte sur les apophyses transverses du col, le long du scalene, d'où on peut le nommer la *cervicale antérieure*. Cette artére se distribue aux parties voisines, & elle jette dans l'espace de chaque vertébre un *rameau* qui communique avec la vertébrale, *&c.*

L'artére sous-claviére, peu après sa sortie du scalene, prend le nom d'*axillaire*. L'artére axillaire se continue vers l'aisselle, couverte qu'elle est par les nerfs du bras, & elle produit avant que d'arriver vers la partie supérieure de l'humérus, quatre principaux *rameaux* ; 1º. La *thorachique supérieure* ou la *mammaire externe*, qui descend le long de l'union des cartilages avec les côtes, entre le grand &

le petit pectoral, & se distribue principalement à ce muscle ; 2°. La *thorachique moyenne* qui se divise dès son origine en deux gros rameaux , dont le
supérieur se jette au petit pectoral ,
&c. & l'inférieur descend vers l'angle inférieur de l'omoplate, le long
de son bord antérieur , & se distribue dans ces parties; 3°. La *troisieme
thorachique* qui se disttribue à la graisse de l'aisselle , au grand & au petit
pectoral , *&c.*

La *scapulaire supérieure* ou la *musculo-
scapulaire* vient ordinairement de l'artére *thyroïdienne* inférieure. La *scapulaire inférieure* vient de l'axillaire ; elle
descend entre les muscles rond & le
sous-scapulaire , & elle se distribue
aux glandes axillaires , au muscle
sous-scapulaire , *&c.*

L'axillaire, après avoir jetté ces rameaux , se divise quelquefois en deux
branches , dont l'extérieure cutanée
se porte jusqu'au pouce , & produit
vis-à-vis la partie supérieure de l'humérus, les deux *artéres huméraires* ou les
circonflexes de l'humérus. La *circonflexe
cubitale* rampe de dedans en dehors ,
au-dessous de la tête de l'humérus, autour de laquelle elle se courbe , & se

distribue principalement au muscle deltoïde. La *circonflexe radiale* serpente autour de l'humérus dans un sens opposé ; elle est couverte par le biceps & le coraco-brachial, & s'anastomose avec la circonflexe cubitale.

L'artére axillaire après avoir donné naissance à ces rameaux, prend le nom de *brachiale :* elle marche le long du tendon du grand pectoral, du bord latéral interne du biceps, sous la peau & la graisse dans son principe, & sous le biceps dans son milieu ; & en s'approchant toujours de plus en plus de la partie moyenne du brachial interne, elle passe au-dessous de l'aponévrose du biceps dans le plis du bras. Elle jette dans ce trajet plusieurs *rameaux,* dont le *premier* vient de la partie supérieure latérale externe de cette artére. Il va le long de la partie latérale interne de l'insertion du grand pectoral ; & lorsqu'il y est parvenu, il s'anastomose avec un rameau récurrent de la cubitale. Au-dessous de ce rameau, on en observe un *autre* qui se distribue à la longue & à la courte tête du biceps. Le troisiéme rameau

(l'*artére dorſale* ſupérieure de l'humérus) ſort de la partie ſupérieure du tronc, & jette pluſieurs rameaux de communication avec la précédente & quelquefois l'*artére nourriciere de l'humérus*. Il paſſe entre les muſcles brachial externe & le court extenſeur, au-deſſous du long, vers le condyle externe, où il s'anaſtomoſe avec un rameau récurrent de la radiale.

La *dorſale inférieure de l'humérus* vient quelquefois d'un tronc qui lui eſt commun avec la dorſale ſupérieure; elle ſe porte de même qu'elle au dos du bras. Elle deſcend entre le brachial interne & la tête du triceps qui fait le brachial externe, & elle s'anaſtomoſe avec des rameaux de la radiale récurrente.

L'artére brachiale parcourt enſuite quelqu'eſpace ſans jetter de rameaux principaux; puis elle produit un *rameau* aſſez conſidérable, qui deſcend vers le condyle interne, entre le brachial interne & le court extenſeur, & elle communique, après avoir jetté des *rameaux* à ces muſcles, avec la récurrente cubitale, & quelquefois avec un autre rameau de l'artére bra-

chiale. Enfin cette artére jette plusieurs rameaux plus petits aux mufcles du bras, & un rameau avant
que de paſſer ſous le biceps, lequel
entre dans l'humérus par un trou particulier, & prend le nom d'*artére
nourriciere*.

Il naît de l'artére brachiale, cachée
ſous le biceps, pluſieurs *rameaux*, dont
l'*un* ſe diſtribue aux extenſeurs du
bras, au brachial interne, & s'étend
juſqu'au condyle interne où il communique très-ſouvent avec un rameau récurrent de la cubitale. Le
ſecond rameau va preſque tranſverſalement vers le condyle interne; &
lorſqu'il y eſt parvenu, il tourne ſur
le dos de l'humérus où il ſe ramifie
en pluſieurs *petits rameaux*, & communique avec d'autres petits de la cubitale. Le *troiſiéme rameau*, qui ne s'obſerve pas conſtamment, va auſſi au
condyle interne, ſe réfléchit ſur le
dos de l'humérus, ſe ramifie ſur l'a-
ponévroſe des extenſeurs, & s'anaſtomoſe avec les autres & avec des
récurrens de la cubitale.

L'artére brachiale continue ſon
chemin ſous le biceps; elle s'approche un peu du condyle externe, &

elle jette quelques rameaux au brachial interne. Lorsqu'elle eſt preſque
parvenue vers le condyle externe, elle ſe détourne dans la partie moyenne, entre ce condyle & le condyle
interne ; & après avoir paſſé ſur la
partie ſupérieure du cubitus, elle ſe
diviſe en deux branches. L'interne eſt appellée *cubitale*, & l'externe *radiale.*

La *radiale* ſort de la brachiale proche le radius, le long duquel elle
deſcend. La *cubitale* au contraire va
plus obliquement gagner le cubitus ;
de ſorte que ces deux artéres forment enſemble un angle obtus.

Cette diviſion de la brachiale n'eſt
pas conſtante. En effet, outre les
deux branches dont nous venons de
parler, elle produit quelquefois l'*inter-oſſeuſe* & la *récurrente radiale.*

La *cubitale* ſe couche dès ſa naiſ-
ſance entre le rond pronateur, le
long palmaire, le ſublime & le cubital interne ; elle deſcend preſque
nuë ſur le cubitus, & elle jette pluſieurs rameaux à ces muſcles. Lorſqu'elle eſt parvenue à la partie moyenne du rond pronateur, elle pouſſe une
artére récurrente ; cette artére couverte

par ce muscle & par une partie du brachial interne entre lesquels elle monte , s'anastomose avec les rameaux de
la brachiale dont nous avons parlé
ci-dessus, & avec un rameau de l'inter-osseuse externe. L'artére récurrente jette outre cela un rameau qui
descend le long de l'extenseur commun, de l'extenseur propre du doigt
index , de l'extenseur du petit doigt
& du cubital externe. Elle arrive
vers un ligament qui unit le radius &
le cubitus inférieurement , & elle
communique sur le dos de la main
avec plusieurs rameaux.

La cubitale, après avoir jetté l'artére récurrente, produit un *rameau* qui
rampe sous le rond pronateur, se
prolonge vers le dos du cubitus, &
se perd par plusieurs rameaux, en partie dans l'aponévrose qui couvre
les muscles en cet endroit, & en partie dans la capsule qui couvre l'articulation.

L'inter-osseuse interne & l'externe prennent quelquefois naissance du même
endroit de la cubitale que les rameaux
ci-dessus. Ces artéres plus considérables proviennent très - souvent d'un
seul tronc, de sorte que l'inter-osseuse

interne n'eſt qu'un rameau de l'externe.

L'inter-oſſeuſe interne ſe prolonge ſous le muſcle profond & ſur la membrane inter-oſſeuſe. Elle jette de part & d'autre pluſieurs rameaux aux muſcles qui l'avoiſinent, & pluſieurs au ligament inter-oſſeux, par le moyen deſquels elle communique avec l'inter-oſſeuſe externe. Cette artére jette auſſi *l'artére nourriciere* du radius & du cubitus ; & parvenue vers le quarré pronateur, elle ſe diviſe en deux grands *rameaux*, dont *l'un* ſe diſtribue dans la partie concave du carpe où il communique avec la radiale, & *l'autre* paſſe par un trou particulier de la membrane inter-oſſeuſe, au-deſſus du muſcle quarré, ſe diſtribue ſur le dos du carpe, & communique avec l'inter-oſſeuſe externe & le rameau dorſal de la radiale.

L'inter-oſſeuſe externe ſe diviſe quelquefois en *trois rameaux*, avant de paſſer de dedans en dehors par un trou particulier qui s'obſerve à la partie ſupérieure de la membrane inter-oſſeuſe. L'un de ces rameaux, nommé la *circonflexe du cubitus*, tourne au au-dessous des muscles fléchisseurs, autour de la tête de ces os ; elle jette plusieurs rameaux à ces muscles & à l'articulation. Le tronc de l'inter-osseuse se porte sur le dos du cubitus, descend immédiatement sur la membrane inter-osseuse, entre l'abducteur & l'extenseur du pouce, le court extenseur de l'index & le cubitus. Elle se rend au dos du carpe, où elle communique avec l'inter-osseuse interne. L'artére récurrente, qui provient de l'inter-osseuse externe, monte par derriére, vers l'olécrâne, sur le court supinateur, au-dessous du cubital externe & de l'enconé auxquels elle jette des rameaux. Elle monte entre les fléchisseurs, & elle communique par plusieurs rameaux avec la brachiale.

L'inter-osseuse dans son trajet, jette quelquefois l'artére nourriciere du cubitus, & plusieurs rameaux à la membrane inter-osseuse. Parvenue vis-à-vis le muscle quarré pronateur, elle se divise en plusieurs *rameaux* qui communiquent avec la radiale & l'inter-osseuse interne, & elle forme une espèce de crosse ou d'arcade sur le dos du carpe.

La cubitale, après avoir produit les inter-osseuses, fournit souvent un rameau couvert par le sublime, au-dessous duquel il descend dans la paume de la main, & communique enfin avec un rameau de l'artére radiale, après avoir jetté quelques petits rameaux aux parties qui l'environnent.

La cubitale, parvenue à l'extrémité du cubitus, jette deux *rameaux* considérables qui proviennent quelquefois d'un seul tronc. Un de ces rameaux forme presque une couronne autour de la tête du cubitus inférieurement, se distribue par plusieurs petits *rameaux* dans ces os, & communique avec l'inter-osseuse dorsale. L'autre rameau se rend presque transversalement vers l'os cuneï-forme dans la crosse profonde formée en partie par la radiale. La cubitale descend dans la paume de la main, quelquefois sur le ligament transversal du carpe ; & elle se courbe de dehors en dedans, au-dessus de l'hypoténar, pour former cette grande crosse superficielle qui s'observe dans le creux de la main. Il part de cette crosse plusieurs rameaux, dont le *premier* se porte vers le côté gauche du petit doigt ; le *second* descend entre le petit doigt & le doigt annulaire, se subdivise à l'extrémité des os du métacarpe en deux *rameaux*, dont l'*un* serpente le long de la partie latérale interne du petit doigt, & va communiquer à l'extrémité de ce doigt avec le premier rameau, en formant un arc ; l'*autre* se porte le long de la partie latérale externe du doigt annulaire. Le 3e. *rameau* de la crosse se divise de même que le second en deux *rameaux*, & se distribue aux parties latérales internes du doigt annulaire ; il communique à l'extrémité de ce doigt avec le second rameau & avec l'externe du doigt du milieu. Le *quatriéme rameau* se divise de même, & se distribue au doigt du milieu & à l'index. Le *dernier rameau* marche presque transversalement vers le pouce, & s'anastomose deux fois avec le radial. Il part souvent de ce rameau une *artére* qui se rend au pouce, & alors l'arcade superficielle de la main est formée entiérement par la cubitale. Il part encore de cette arcade plusieurs *rameaux* qui traversent les os du carpe & du métacarpe,

E ij

& qui communiquent avec d'autres du dos de la main.

La *radiale* eſt la ſeconde branche de la brachiale. Elle eſt plus petite que la cubitale, & plus proche de la peau. Elle deſcend de même en ſerpentant entre le long & le court ſupinateur, le rond pronateur, le fléchiſſeur du pouce, le radial externe & le radius, juſqu'à la partie inférieure de cet os. Elle jette d'abord le *rameau récurrent* qui monte vers l'humérus, entre le long ſupinateur & le brachial interne, où elle communique avec la brachiale, & jette pluſieurs rameaux en cet endroit.

La radiale jette dans ſon trajet pluſieurs *rameaux* aux muſcles qui l'environnent ; & parvenue à l'extrémité du radius où elle eſt fort près de la peau & de cet os, elle paſſe entre le tendon du long abducteur du pouce, du long ſupinateur & de l'os du métacarpe, vers le dos du carpe. Elle pouſſe dans cet endroit la *dorſale* de la main qui ſe jette ſur l'adducteur du pouce, s'anaſtomoſe avec l'arcade ſuperficielle de la main, & forme au moyen d'une branche plus conſidérable l'arcade du dos de la main, en s'anastomosant avec les inter-osseuses dorsales. Le tronc de la radiale s'enfonce entre la base du premier os du pouce & l'index, & s'anastomose entre les adducteurs du pouce & l'abducteur de l'index avec l'arcade superficielle , si bien qu'il y a dans la main trois anastomoses de la radiale à la cubitale.

La radiale dans ce trajet jette un *rameau* à la partie latérale interne du pouce, qui communique à l'extrémité de ce doigt avec le rameau qui lui vient de l'arcade superficielle. Le reste du tronc de la radiale s'avance vers la base du premier os du pouce, entre l'adducteur de ce doigt & l'abducteur de l'index. Elle descend avec le court fléchisseur du pouce vers l'os trapéze , elle se porte transversalement & en se courbant vers l'os trapézoïde & le grand, où elle s'anastomose avec un rameau de l'artére cubitale, & forme l'artére profonde de l'arcade de la main. Il part de cette arcade plusieurs rameaux dont quelques-uns se distribuent aux articulations, aux muscles inter-osseux, *&c.* & d'autres passent à travers ces muscles, & viennent communiquer avec d'autres rameaux de la main.

L'*aorte inférieure*, en passant dans la poitrine, produit antérieurement & latéralement plusieurs rameaux ; antérieurement le *conduit artériel*, les *bronchiales*, les *œsophagiennes* ; latéralement les *intercostales* & les *péricardines postérieures*.

Le *conduit artériel* forme une espèce de ligament dans l'adulte, parce que ses parois se rapprochent, au lieu que dans le fétus il servoit de canal de communication entre l'aorte & l'artére pulmonaire, de laquelle il part pour se rendre à la partie antérieure de l'aorte fort près de la crosse de cette artére.

Les *péricardines* postérieures & supérieures sont des artérioles qui s'observent constamment, & qui se rendent à la partie postérieure supérieure du péricarde, aux deux branches de l'artére pulmonaire, aux glandes qui sont placées dessus, aux rameaux de la trachée artére, aux membranes du conduit artériel, & enfin à l'œsophage. Une de ces artéres est ordinairement du côté droit un rameau, ou de la mammaire, ou de la sous-claviére, ou de l'intercostale supérieure produite par la sous-claviére , &c.

La *péricardine droite* postérieure supérieure se contourne donc autour de la veine cave & le tronc de la sous-claviére droite. Elle descend entre l'arc de l'aorte & ses branches, & communique avec les rameaux de l'artére bronchiale. La *péricardine gauche* sort ordinairement de l'aorte avant que cette artére jette la bronchiale , quelquefois de la partie antérieure de l'aorte au-dessous du conduit artériel , & se distribue à l'artére pulmonaire , aux bronches du côté gauche , à la plévre , au péricarde , &c.

On donne le nom d'*artéres bronchiales* à celles qui se distribuent aux bronches. On doit observer qu'on distingue ces artéres en droite , en gauche , en commune , & qu'elles s'observent quelquefois toutes , & que d'autrefois il en manque quelques-unes. On voit assez ordinairement le poumon recevoir des bronches d'une seule artére bronchiale , & alors elle sort presque toujours d'un tronc qui lui est commun avec la premiere intercostale droite de l'aorte , de maniere cependant que la bronchiale est plus grosse & se porte aux poumons. Au reste , elle sort de l'aorte vis-à-vis la quatriéme ou la cinquiéme , & quelquefois vis-à-vis la sixiéme côte. Elle se porte donc aux bronches du côté droit , & jette un rameau au côté gauche. Du rameau droit naissent aussi plusieurs petits rameaux qui se distribuent à l'œsophage. La bronchiale droite s'observe presque aussi fréquemment. Elle vient, ou de l'intercostale, ou de la commune , ou de l'aorte , ou de la mammaire. Elle jette des rameaux à l'œsophage , à la trachée artére , & se porte en serpentant au poumon droit.

Les *œsophagiennes* sont en très-grand nombre , & on doit appeller *œsophagiennes* celles que les artéres thyroïdiennes jettent à l'œsophage , celles que l'œsophage reçoit des artéres péricardines , des bronchiales & des intercostales. Les autres artéres œsophagiennes qui partent immédiatement de l'aorte au-dessous des bronchiales , sont au nombre de six à sept.

Les *intercostales* que l'aorte produit ,

sont au nombre de neuf à dix , & naissent par paires , d'espace en espace , des parties latérales & postérieures de cette artére , sous des angles presque droits. Elles jettent proche les vertébres un rameau dans le canal de l'épine , un autre aux muscles du dos. Le tronc de chacune de ces artéres se porte vers la gouttiere du bord inférieur de chaque côté , & rampe entre les muscles intercostaux , jusques dans l'endroit où les côtes sont unies avec leur cartilage , & où elle communique avec des rameaux des mammaires. Le principal rameau que ces artéres jettent dans ce trajet, se distribue aux muscles extérieurs , vers la partie moyenne de la côte ; quelquefois il se divise en deux branches paralleles entre les muscles intercostaux. Elle se distribue aux muscles intercostaux , aux lombaires, aux vertébraux & aux côtes. Les intercostales communiquent toutes les unes avec les autres, la supérieure avec les inférieures , celles-ci avec les lombaires , & toutes avec la spinale. La premiere paire des intercostales qui proviennent de l'aorte , se porte quelquefois à la gouttiére du bord inférieur de la quatriéme côte ; & fournit une ou deux intercostales au-dessus d'elle.

L'aorte inférieure parvenue dans le bas-ventre, jette dans son trajet jusqu'à la derniére vertébre des lombes, antérieurement, les *diaphragmatiques*, la *céliaque*, la *méfentérique fupérieure*, la *méfentérique inférieure*, les *fpermatiques*; fur les parties latérales, les *rénales* ou *émulgentes*, les *lombaires*; & postérieurement les *facrées*.

La *céliaque* part de la partie antérieure de l'aorte dans l'endroit où cette artére passe entre la partie la plus gauche du foie & la partie la plus large de l'œsophage, où il se termine à l'estomac. La céliaque dans son origine produit d'abord les artéres *phréniques* ou les *diaphragmatiques*, qui quelquefois proviennent de l'aorte. Les artéres phréniques ou diaphragmatiques droites & gauches, montent vers le diaphragme pour s'y distribuer. La gauche produit les *capfulaires* & quelquefois une petite *coronaire* de l'estomac. La céliaque ayant produit les diaphragmatiques, arrive vers l'extrémité du petit lobe où son tronc se divise ordinairement en trois branches, la *coronaire stoma-chique*, la *splénique* & l'*hépatique*. Néanmoins elle jette quelquefois la coronaire gauche avant la splénique ; c'est-à-dire, qu'elle se divise d'abord en deux branches.

La *coronaire supérieure* ou *coronaire stomachique* jette quelquefois une branche au foie ; & lorsqu'elle se distribue uniquement à l'estomac, elle est la plus petite des trois rameaux de la céliaque. Elle se porte antérieurement vers la gauche, & gagne la partie supérieure de la petite courbure de l'estomac, au-dessous de la partie la plus large de l'œsophage, auquel elle jette un *rameau* qui communique avec les œsophagiennes inférieures, & un *autre* qui environne en forme de couronne la partie la plus large de l'œsophage, & communique avec les vaisseaux courts. Cette artére se continue ensuite le long de la petite courbure jusqu'au pylore, & fournit dans ce trajet plusieurs *rameaux* de part & d'autre à l'estomac. Ces rameaux communiquent avec les gastro-épiploïques. Elle pousse quelquefois un *rameau* au foie.

La *splénique* est ordinairement un

des trois rameaux de la céliaque. Cette artére defcend vers le pancréas dont elle côtoye, en ferpentant, le bord fupérieur, & auquel elle jette plufieurs *rameaux*. Elle fe porte jufqu'à l'extrémité de cette glande, & enfin fe plonge dans la rate en fe divifant en *huit* ou *dix rameaux*. Il part des rameaux poftérieurs des *artérioles* qui s'élevent vers le grand cul de fac de l'eftomac, & fe nomment *vaiffeaux courts*. La fplénique jette vers l'extrémité du pancréas ou aux deux tiers de cette glande, la *gaftro-épiploïque gauche* qui fe porte en devant & en bas, & va gagner, en fe divifant en *trois* ou *quatre rameaux*, la partie gauche de la grande courbure de l'eftomac, où elle communique avec la *gaftro-épiploïque droite*, & jette plufieurs rameaux à l'épiploon, dont le principal peut fe nommer artére *épiploïque gauche*.

L'*hépatique* eft la continuation du tronc droit de la céliaque. Elle fe divife ordinairement dès fon origine, en *deux rameaux*. Le *rameau gauche* afcendant fe diftribue au moyen lobe du foie, & jette quelquefois l'artére coronaire ftomachique droite.

Le *rameau droit* de l'hépatique (l'*artére biliaire*) est couvert par les grands vaisseaux biliaires, & se distribue au lobe droit & au petit lobe de Spigelius. Il jette ordinairement un rameau (*l'artére cystique*) à la vésicule du fiel.

La *pancréatico-duodénale* est un rameau du tronc droit de la céliaque, qui se cache derriére le pylore, & qui se distribue au pancréas & au duodenum. Ce tronc droit jette aussi au pylore un rameau (*l'artére pylorique inférieure*) qui produit vers la gauche la *gastro épiploïque droite*. Cette artére rampe le long de la grande courbure de l'estomac, de gauche à droite, jette aux deux faces de ce viscére plusieurs rameaux, & s'anastomose avec la gastro-épiploïque gauche. Il naît aussi de cette artére plusieurs *rameaux* qui se distribuent à l'épiploon, & se nomment *épiploïques droites*.

La *méfentérique supérieure* naît de l'aorte, immédiatement au-dessous de la céliaque, entre les piliers du diaphragme, & descend premiérement à droite, derriére le commencement du duodenum & le pancréas; ensuite devant la seconde courbure tranſverſe de cet inteſtin. Elle jette dans ce trajet pluſieurs *petits rameaux* au pancréas. Quelques-uns de ces rameaux communiquent avec la pan-créatico-duodénale & les épiploïques. Elle pouſſe au duodénum de petites branches qui forment des arcs de com-munication entr'elles. Elle en jette auſ-ſi à la partie droite du colon qui ſe nom ment *artéres coliques, moyennes, droites & gauches*, & qui communiquent toutes entr'elles en formant des arcs. Elle en pouſſe une *autre* qui ſe diſtri-bue à l'ileum & au colon (l'*iléo-colique*) Au reſte, cette artére ſe diſtribue à tous les inteſtins grêles en ſe diviſant & ſe ſubdiviſant en pluſieurs *rameaux*, qui communiquent les uns avec les autres, & forment par ce moyen une eſpèce de réſeau ; après quoi elle ſe diviſe en des *rameaux plus petits*, qui ſe jettent vers la partie concave du canal inteſtinal, & s'y diſtribuent de part & d'autre. Un rameau de cette artére qui ſerpente le long du colon du côté gauche, s'anaſtomoſe avec la méſentérique inférieure, & s'ap-pelle plus particuliérement *artére co-lique.*

La *méſentérique inférieure* ſort de la

partie antérieure de l'aorte, entre les artéres rénales & les iliaques. Elle jette à quelque distance de son origine plusieurs *rameaux* aux glandes lombaires & au péritoine. Ces rameaux communiquent avec les artéres spermatiques. La méfentérique inférieure se distribue ensuite en plusieurs *rameaux*, dont *un* remonte vers la partie inférieure gauche du colon auquel il se distribue & s'anastomose avec la méfentérique supérieure, & les autres se distribuent à la partie postérieure du rectum, où le rameau principal occupe la partie moyenne, & se nomme artére *hémorrhoïdale interne.*

Les *artéres spermatiques* naissent quelquefois de la partie antérieure de l'aorte entre les méfentériques ; d'autrefois des artéres émulgentes, & se distribuent aux testicules.

On compte *cinq artéres lombaires.*

Elles partent deux à deux, une de chaque côté, des parties latérales de l'aorte inférieure, vis-à-vis la partie moyenne du corps des vertébres lombaires, autour duquel elles se coudent pour aller gagner les trous vertébraux, où elles jettent une *branche* dans l'épine à la moelle épiniere. Les *trois moyennes* se diftribuent principale-ment aux mufcles du bas-ventre ; la *fupérieure* en partie au diaphragme, & l'*inférieure* rampe tout autour de la partie fupérieure de la lévre interne de l'os des ifles, où elle s'anaftomofe avec une branche de l'iliaque externe & fe diftribue aux parties voifines.

Les *facrées* naiffent des parties pof-térieures de l'aorte inférieure, ordi-nairement par une feule branche qui rampe le long de la partie moyenne & antérieure de l'os facrum ; quel-quefois des iliaques. Elles jettent fur les parties latérales des *ra-meaux* qui entrent par le trou de cet os , & fe diftribuent dans l'épine. Les artéres hypogaftriques en four-niffent encore d'autres rameaux quel-quefois plus confidérables que cel-les-ci. Ce font les *facrées latérales.*

L'aorte inférieure paroît , après avoir jetté toutes ces artéres, divi-fée en *deux branches* qui s'étendent jufqu'à la partie fupérieure du baffin. Chacune de ces branches fe divife en *deux* , dont l'*une* fe jette dans le baf-fin , & l'*autre* fe porte le long des parties latérales & fupérieures du baffin

sin jusqu'au-dessous du ligament de Poupart , où elle jette plusieurs branches. On la nomme *iliaque externe* , & on donne le nom d'*iliaque interne* ou d'*hypogastrique* à celle qui se porte dans le bassin.

L'*hypogastrique* se divise en un nombre de rameaux difficile à déterminer par rapport à leur variété ; mais on observe assez constamment que cette artére pousse dès son entrée dans le bassin , *une*, *deux* & quelquefois *trois* petites *branches* qui se portent presque nues sur la face interne de l'iléum & se distribuent aux muscles iliaque & psoas. On les nomme *petites iliaques.*

L'hypogastrique jette antérieurement une *artére* dont les parois dans l'adulte sont rapprochés , & forment une espèce de ligament qui s'étend le long des parties latérales de la vessie jusqu'à l'ombilic (l'*artére ombilicale*). Il se détache néanmoins vers l'origine de cette artére plusieurs *petits rameaux* qui se distribuent aux parties latérales de la vessie , & un *rameau* qui se porte vers les vésicules séminaires , *&c.* & à la matrice dans les femmes. C'est la *honteuse interne.*

Seconde Partie.   E

Au-deſſous de l'artére ombilicale, ſort *l'artére obturatrice.* Cette artére ſerpente le long des parties latérales, internes, moyennes & ſupérieures du baſſin, d'où elle ſort par la partie ſupérieure du trou ovalaire, & ſe diſtribue aux muſcles voiſins.

L'artére hypogaſtrique jette quelques *rameaux* aux parties latérales & inférieures du rectum, & ſur les parties latérales de l'os ſacrum ; après quoi elle ſe diviſe quelquefois en trois branches, & d'autres fois en deux. *Une* de ces branches ſort du baſſin par l'échancrure ſciatique, au-deſſus du muſcle piriforme, ſe diſtribue aux muſcles feſſiers, & ſe nomme *artére feſſiére.* L'*autre* ſort du baſſin au-deſſous de ce même muſcle avec le nerf ſciatique qu'elle accompagne, & jette une branche fort conſidérable au grand feſſier ; on l'appelle artére *ſciatique. La honteuſe commune,* ainſi nommée parce qu'elle jette quelquefois la honteuſe moyenne & la honteuſe externe, ſort du baſſin au-deſſous du muſcle piriforme, s'engage entre les deux ligamens ſacro-ſciatiques, rampe le long de la partie latérale interne de la tubéroſité & de la branche

de l'ischion , & jette dans cet endroit une branche à l'anus (*l'hémor-*
voïdale externe.)

La honteuse commune arrivée vers
l'insertion des corps caverneux à ces
branches , se divise ordinairement en
deux branches , dont *l'une* se porte
transversalement de déhors en dedans ; & c'est là celle qu'on coupe ordinairement dans l'opération de la
taille. *L'autre* va gagner la partie supérieure des corps caverneux , & se
subdivise en *deux rameaux* , dont *l'un*
entre dans ces corps , & *l'autre* rampe sur leur surface supérieure.

L'iliaque externe jette antérieurement
& en dedans l'artére épigastrique, en
déhors l'artére iliaque coronaire.

L'artére épigastrique se porte obliquement de déhors en dedans , & supérieurement vers la partie moyenne
du muscle droit , le long duquel elle
se distribue en plusieurs branches qui
communiquent avec la mammaire
interne. Elle pousse quelquefois l'obturatrice.

L'iliaque coronaire se porte obliquement de dedans en déhors , & supérieurement vers la lévre interne de
l'os iléon. Elle se distribue aux mus-

cles voifins, & communique avec la lombaire inférieure. L'iliaque paffe de-là fous le ligament de Poupart, fe plonge dans le milieu de la cuiffe, fe porte obliquement de déhors en dedans le long de l'os de la cuiffe ; & parvenue vers les trois quarts environ de cet os, elle fe coude & fe porte poftérieurement vers la partie moyenne du quart inférieur de cet os, entre les deux condyles. On lui donne le nom d'*artére crurale*.

L'artére *crurale* jette vers fa partie fupérieure *plufieurs petits rameaux* qui fe diftribuent aux glandes & au ligament de Poupart. Un de ces rameaux (*la honteufe externe*) fe porte tranfverfalement au-deffus des mufcles, & en dedans vers les parties de la génération.

L'artére crurale, en s'enfonçant dans la partie fupérieure de la cuiffe, jette quelques *rameaux* aux mufcles ; après quoi elle fe divife en *deux branches*, une antérieure (*la crurale antérieure*), l'autre poftérieure (*la crurale poftérieure*).

La crurale antérieure fe divife en *deux branches*, dont l'une fe jette fur

les parties externes de la cuisse , &
l'*autre* se subdivise en *deux rameaux.*
Un de ces rameaux se distribue dans
la partie moyenne de la cuisse , &
l'*autre* dans la partie latérale interne.

La crurale postérieure jette dans
son trajet plusieurs *petits rameaux* aux
muscles ; & parvenue , comme nous
l'avons dit , à la partie postérieure de
la cuisse , elle fournit sur les parties
latérales plusieurs petits rameaux à
l'articulation du genou. Quelques-
uns de ces rameaux communiquent
avec des rameaux récurrens des tibiales & de la péroniére.

L'artére crurale postérieure parvenue dans le creux du jarret , entre
les deux condyles du tibia & du fémur , prend le nom d'*artére poplitée.*
Cette artére jette *plusieurs rameaux* aux
parties voisines. Elle se divise ensuite
en *deux branches. Une* de ces branches
s'engage par la partie supérieure du
muscle poplité , entre le tibia & le
péroné , rampe entre ces deux os le
long de la membrane inter-osseuse ,
jette dans ce trajet *plusieurs rameaux*
aux parties qui l'environnent , passe
par-dessous le ligament annulaire externe , & va se perdre sur le pied par

différens rameaux. Quelques-uns de ces rameaux communiquent avec la tibiale poſtérieure & avec la péroniére. *L'autre* branche ſe porte ſur le muſcle proplité, jette *deux rameaux* fort remarquables, *une* entre les deux jumeaux, & *l'autre* entré les deux jumeaux & le ſolaire. Elle ſe diviſe enſuite en deux branches, dont l'une rampe le long de la partie poſtérieure du tibia, & s'appelle *tibiale poſtérieure*, & l'autre le long du péroné, & s'appelle *péroniére.* La tibiale poſtérieure jette dans ſon trajet *pluſieurs rameaux* aux muſcles, & elle gagne peu à peu la plante du pied où elle prend le nom d'*artére plantaire.*

Il part de l'artére plantaire *pluſieurs rameaux* qui ſe diſtribuent aux parties latérales des doigts, communiquent à l'extrémité de ces doigts, & forment un petit arc duquel il part *pluſieurs rameaux* qui ſe diſtribuent dans l'extrémité de chaque doigt.

La *péroniére* ſerpente le long de la partie poſtérieure du péroné, & vient ſe perdre dans la plante du pied, en communiquant de part & d'autre avec les tibiales.

Voilà en général quelle eſt la diſtribution des artéres. Un plus grand détail , non - seulement seroit ennuyeux , mais même deviendroit inutile , d'autant qu'il ne s'agit ici que de donner des caractéres distinctifs des principaux troncs , afin que les Eléves puissent se rétrouver lorsqu'ils suivront la distribution de ces artéres dans le Cadavre.

CHAPITRE TROISIE'ME.

De la Distribution des Veines.

LEs veines varient tellement par rapport à leur nombre & à leur distribution , qu'il seroit difficile d'en donner une histoire exacte. Néanmoins dans le col & dans les extrémités , on peut les distinguer en veines cutanées & en veines qui accompagnent les artéres.

Des principales veines cutanées qui se présentent sur le col, (la peau, la graisse & le muscle péaucier étant levés) sur la partie latérale externe & inférieure du muscle sterno-clino-mastoïdien , la plus considérable qui le croife de bas en haut, c'eft la *jugulaire externe*.

Il fe préfente dans la partie moyenne du col plufieurs veines fuperficielles, affez fouvent *deux principales* qui s'étendent de la partie fupérieure du fternum vers le menton, & *deux autres* un peu plus avant & fur la trachée artére. Ces veines reçoivent inférieurement toutes les branches qui rapportent le fang de la glande thyroïde (des *thyroïdiennes inférieures.*)

Une & quelquefois *deux veines* font fituées prefque parallelement à la jugulaire externe, entr'elle & la thyroïdienne. On les nomme auffi *jugulaires externes.*

Toutes ces veines font unies les unes avec les autres par d'autres d'une direction indéterminée, au moyen defquelles elles communiquent toutes enfemble.

L'artére temporale eft accompagnée d'une *veine*. Une *autre* accompagne l'artére occipitale. On en obferve *une* fituée obliquement dans le vifage, de la partie antérieure inférieure du mufcle maffeter vers le grand angle de l'œil (*la faciale*). Cette veine s'étend de-là vers l'intervalle le qui est entre les sourcils où elle prend le nom de *préparate.*

La faciale est couverte par le grand & le petit zygomatique. Elle reçoit dans la face différentes veines, & vers le grand angle de l'œil une veine située le long de l'orbite, de la partie antérieure vers le fond, où elle communique avec le sinus caverneux. C'est *la veine opthalmique.*

La veine opthalmique reçoit dans l'œil différens rameaux qui rapportent le sang des diverses parties de l'œil.

La préparate reçoit les *frontales* qui communiquent avec les temporales & les occipitales.

Les deux rameaux principaux de l'artére sous-mentoniere sont accompagnés d'une ou plusieurs veines qui communiquent vers le menton avec les superficielles du col. Une *autre* sous le mylo-hyoïdien, vis-à-vis la partie moyennne de ce muscle, accompagne le nerf de la neuviéme paire, & communique avec toutes les voisines, & avec celle qui paroît collée à l'artére sublinguale.

L'artére maxillaire interne est de même accompagnée d'une veine qui

reçoit tous les rameaux qui accompagnent les rameaux de cette artére,
& dont quelques-uns communiquent
par la fente sphéno-maxillaire avec
l'opthalmique.

La faciale , la temporale , l'occipitale, la maxillaire interne , la sous-
mentoniere , la sublinguale se réunissent toutes dans une veine située
obliquement de déhors en dedans,
de la glande maxillaire vers les parties latérales de l'os hyoïde. C'est la
jugulaire antérieure.

La jugulaire antérieure communique avec la jugulaire externe , & se
vuide dans la jugulaire interne.

On observe sur toute la surface du
cerveau & du cervelet, entre les lames
de la pie-mere , un nombre infini
de veines qui communiquent toutes
les unes avec les autres, & s'ouvrent
par de gros troncs dans les sinus de
la dure-mere. Les principaux de ces
sinus , c'est-à-dire , les sinus latéraux,
se vuident dans une grosse veine située le long des parties latérales &
antérieures du col. Cette veine s'é-
tend du trou déchiré antérieur vers
la partie postérieure de la portion
de la clavicule articulée avec le sternum , le long de la partie latérale ex-

terne de la carotide. C'est la *jugulaire interne*.

Les sinus latéraux communiquent aussi avec deux veines qui ne s'observent pas toujours, & qui s'ouvrent dans ces sinus par le trou mastoïdien postérieur & par le trou condyloïdien postérieur. Celle-ci accompagne l'artére vertébrale, & reçoit tous les petits sinus de la moëlle épiniere. C'est la *veine vertébrale*. Celle-la communique avec l'occipitale & avec la vertébrale, entre l'os occipital & la premiere vertébre du col. Elle va en serpentant à côté de la petite artére cervicale postérieure, s'ouvrir dans la vertébrale, au-dessous de l'apophyse transverse de la septiéme vertébre du col, autour de laquelle elle est courbée en devant. Elle reçoit d'espace en espace différens rameaux qui communiquent avec une autre veine moins considérable située le long des apophyses épineuses des vertébres du col, sur l'épineux du col. Cette veine reçoit des rameaux qui rapportent le sang de l'épine, & communique en haut avec l'occipitale.

La vertébrale est située inférieurement derriére la jugulaire interne. On la voit quelquefois compofée de deux troncs dans cet endroit.

La jugulaire interne reçoit au-def- fous de l'angle de la mâchoire & de la glande maxillaire, la jugulaire antérieure ; vis-à-vis l'os hyoïde, *une* ou deux branches qui accompagnent l'artére thyroïdienne fupérieure, & d'autres petites branches placées à côté des artéres qui fe jettent dans les mufcles. Elle reçoit quelquefois au- deffus de ces branches une des jugu- laires fuperficielles.

Toutes les artéres du bras, même les plus petits rameaux, font placés entre deux veines unies par un tiffu cellulaire très-court aux parties latéra- les de ces artéres. Ces veines com- muniquent de l'une à l'autre par des canaux courts de communication, qui d'efpace en efpace croifent l'ar- tére.

Outre ces veines, on en obferve encore d'autres immédiatement au- deffous de la peau. Ces dernieres forment fur le dos de la main & des doigts différentes aréoles ou mailles. Les principales paroiffent placées pa- rallelement fur les parties latérales de

chaque doigt. Elles n'ont pas de direction constante sur le dos de la
main ; mais les aréoles sont plus
considérables & moins nombreuses ;
les veines qui les forment sont plus
grosses.

Une de ces veines située au-dessus
du petit doigt , entre ce doigt & le
doigt annulaire , se nomme *salva-
telle.*

Ces veines forment aussi un réseau
autour de l'avant-bras , principalement vers la partie inférieure ; & les
plus grosses d'entr'elles, dont la situation est toujours plus déterminée ,
prennent différens noms.

On nomme *céphalique* une veine
située le long de la partie externe
du bras, entre le deltoïde & le grand
pectoral , à côté du biceps , sur l'a-
vant-bras, au-dessus du long supinateur.

On appelle *basilique* une veine qui
accompagne l'artére brachiale le long
de la partie interne du bras , & située
sur l'avant-bras, dans la partie moyenne & interne, au-dessus des muscles.

On donne le nom de *cubitale* à la
plus grosse veine située à la partie
postérieure de la basilique , & celui

de *médiane* à la veine principale qui
eſt ſituée obliquement ſur la partie ſupérieure interne de l'avant-bras , au
moyen de laquelle la baſilique & la
céphalique communiquent encore
enſemble. Enfin , on nomme *profonde*
une veine enfoncée dans le plis du
bras, comme l'artére brachiale. Elle
reçoit dans cet endroit une branche
courte de communication avec la
médiane. Elle accompagne l'artére
brachiale , & reçoit les veines ſituées
aux parties latérales des rameaux de
cette artére. La profonde eſt donc ſituée le long du bras, à côté de l'artére brachiale , & elle reçoit d'eſpace
en eſpace les veines qui accompagnent les diviſions de cette artére ,
ſous l'aiſſelle , à côté de l'artére axillaire ; là elle prend le même nom ,
& elle reçoit les *thorachiques ſupé-*
rieures , *les thorachiques inférieures* , *les*
ſcapulaires , ainſi nommées à cauſe des
artéres aux parties latérales deſquelles on les obſerve. Elle reçoit auſſi la
baſilique & la céphalique.

La *veine axillaire* eſt continue à
une autre plus groſſe ſituée ſous la
partie moyenne de la clavicule. Cette derniére s'étend de-là obliquement

de haut en bas, dans la partie supérieure de la poitrine, jusqu'au sternum, un peu au-dessous de l'articulation de cet os avec la clavicule
du côté droit. Cette veine s'appelle
sous-claviére.

La sous-claviére reçoit vis-à-vis le
sternum, supérieurement la jugulaire
interne, postérieurement la vertébrale, derriére la partie moyenne de
la clavicule la jugulaire externe, &
antérieurement entre la partie moyenne de la clavicule & le sternum, la
mammaire interne située à côté de l'artére mammaire, & qui communique
d'une part avec celles du côté opposé, de l'autre avec les rameaux
des intercostales, & en bas avec l'*é-
pigastrique*.

La mammaire interne reçoit les
rameaux qui s'observent à côté de
l'artére mammaire.

Les deux sous-claviéres rapportent
le sang dans un tronc commun, situé
dans la partie moyenne, interne &
supérieure de la poitrine du côté
droit, depuis la partie inférieure de
l'articulation de la clavicule avec le
sternum, jusqu'à la partie postérieure & moyenne du sinus droit du

G iiij

cœur. On l'appelle *veine cave supérieure.* Par conséquent la sous-claviére
gauche est plus longue que la droite ;
aussi reçoit-elle les veines thyroïdiennes , les veines superficielles situées
dans la fourchette , & les veines diaphragmatiques qui accompagnent le
nerf diaphragmatique.

La veine cave reçoit *l'azigos* qui
est une veine assez considérable située dans la poitrine , & coudée en
haut vis-à-vis la quatriéme vertébre
du dos, de derriére en devant , où
elle s'ouvre dans la veine cave. Le
reste de l'azigos est placé de haut en
bas, le long des parties latérales droites du corps des vertébres du dos,
jusqu'aux supérieures des lombes où
elle reçoit quelques veines *lombaires* ,
quelques *diaphragmatiques* , & dans la
poitrine , d'espace en espace , les
intercostales droites & gauches.

Toutes les veines que nous avons
décrites jusqu'à présent , rapportent
le sang des parties supérieures & de
là poitrine dans la veine cave & dans
le sinus droit du cœur. C'est aussi
dans ce sinus que s'ouvrent les principales veines qui rapportent le rési-
du du sang qui a été distribué au

cœur par les artéres coronaires.

Tout le sang distribué au bas-ventre & aux extrémités inférieures est rapporté par un gros tronc qui s'ouvre dans la partie inférieure du sinus gauche du cœur. C'est la *veine cave ascendante*.

Cette veine reçoit à son passage par le diaphragme, deux branches considérables qui s'étendent dans le foie. Elle se porte à la partie postérieure du foie le long du corps des vertébres lombaires, à gauche, & jusqu'à la derniére au-dessus de laquelle elle est divisée en deux (*les iliaques.*) Elle reçoit dans ce trajet les veines *rénales* ou *émulgentes*, les veines *spermatiques*, &c.

Les veines iliaques reçoivent toutes celles du bassin & de l'extrémité inférieure.

Voici l'idée générale qu'on peut se former de ces veines.

On observe autour du pied & de la jambe un réseau de veines cutanées. D'autres veines accompagnent les artéres du bassin & de toute l'extrémité inférieure. Ces veines, comme dans l'extrémité supérieure, côtoyent les artéres ; elles sont néanmoins plus groſſes & en plus grand nombre. Elles portent le nom des artéres qu'elles accompagnent ; ainſi nous ne les décrirons point.

Quant aux veines cutanées, comme leur ſituation & leur diſpoſition ne ſont pas conſtantes, on n'a donné de noms qu'à celles qui s'obſervent le plus fréquemment : telles ſont la *ſaphéne* & la *ſurale*.

De toutes les petites veines qui s'obſervent ſur le pied , autour de la jambe & de la cuiſſe , les plus remarquables ſont, une *veine* ſituée ſur la partie ſupérieure , moyenne & interne du pied , ſur la malléole interne , le long de la partie latérale interne de la jambe , ſur le condyle interne du fémur & le long de la partie latérale un peu antérieure de la cuiſſe , à la partie ſupérieure de laquelle cette veine s'ouvre dans la veine crurale. C'eſt la *ſaphéne* qu'on ouvre ordinairement dans la ſaignée du pied.

La *ſurale* eſt une veine qui s'obſerve principalement ſur le gras de la jambe. On y ſaigne quelquefois. Le nombre des veines eſt ſi grand , leurs communications ſont ſi fréquentes , qu'à moins que les sujets ne soient extrêmement gras , on trouvera toujours , en examinant le pied & la jambe, quelque veine affez grosse pour y pratiquer la faignée.

Outre toutes les veines dont nous venons de parler , il en est une autre nommée *veine porte* , destinée à une circulation particuliére du fang pour la fécrétion de la bile.

Elle est formée par le concours des veines qui rapportent le fang de l'estomac , des intestins , du méfenter, de la rate , de l'épiploon , & enfin du pancréas. Ces veines fe réunissent toutes d'abord en deux troncs ; un tranfverfe *fplénique* , & l'autre afcendant *méfentérique.* Ces deux troncs fe réunissent enfuite en un grand , dont les membranes font plus fortes , fe porte derriére la premiere courbure du duodénum , reçoit les veines les plus à droite de cet intestin & la petite coronaire, monte à droite dans le finus du petit lobe du foie , & fe divife là de nouveau en deux branches.

La branche droite est la plus confidérable , fe fubdivife en deux , fe porte dans le lobe droit après avoir

reçu la veine cyſtique. Le gauche
parcourt le reſte de la longueur du
ſillon tranſverſe du foie, & ſe diftribue au petit lobe, au lobe ano-
nyme & au lobe gauche, & il entre
en ſe courbant dans la foſſe ombilicale, dans la partie moyenne de
laquelle il ſe diviſe en pluſieurs rameaux qui ſe perdent dans le foie.
La veine - porte eſt environnée de
part & d'autre d'une grande quantité de tiſſu cellulaire.

Ceci ſuffit pour indiquer la préparation de ces vaiſſeaux.

CHAPITRE QUATRIE'ME.

De la Préparation des Artéres & des Veines.

POur préparer ces vaiſſeaux, il
faut non-ſeulement être inſtruit
de tout ce qui a été dit ſur la préparation des muſcles, mais encore
de tout ce qu'on doit remarquer
dans ces vaiſſeaux. C'eſt ce qu'ap-
prennent en général les Chapitres
précédens de ce Livre.

Comme il est supposé qu'on a la connoissance des os & des muscles, nous n'en parlerons dans la préparation des vaisseaux, qu'autant qu'il sera nécessaire de les indiquer pour découvrir ces vaisseaux, parce que ces vaisseaux se distribuent à toutes les parties, serpentent & s'entrelassent différemment entre les muscles, entrent dans les os, se contournent de mille façons différentes avant que d'y arriver.

L'Anatomiste doit donc être attentif, & même après avoir lû la description des vaisseaux, s'en rapporter d'autant moins à cette description, que s'il n'a pas vû ces vaisseaux, cette description ne peut jamais lui en donner qu'une idée vague. D'ailleurs quelqu'exacte que puisse être une description, le nombre infini de variétés auxquelles les vaisseaux font sujets, la rend fatigante ou imparfaite. Il faut néanmoins convenir qu'il est des vaisseaux dont la distribution est constante.

Il est encore à propos d'observer qu'on ne doit pas simplement chercher à découvrir les vaisseaux de la distribution desquels on s'est assuré par la description, cette description n'étant jamais assez étendue. En un mot, lorsqu'une fois on a découvert un gros tronc, on doit le suivre pas à pas, observer de ne rien couper, examiner les branches qu'il jette, suivre chacune de ces branches en particulier, en faisant attention à leur direction, à leur distribution, aux parties qui y ont rapport, aux muscles sur lesquels elles rampent, à ceux qui les couvrent, à ceux qu'elles côtoyent, &c. & ainsi des autres parties.

Les injections rendent les vaisseaux plus sensibles & plus faciles à préparer ; mais elles altérent si fort leur figure, surtout celles des veines, que pour s'en former une idée juste, il est à propos de les préparer non injectés. D'ailleurs comme on se propose d'examiner non-seulement la distribution de ces vaisseaux, mais encore leur structure & tout ce qu'ils ont de particulier, l'injection ne doit être employée que lorsqu'on a en vue de conserver des piéces préparées, & de voir la distribution de quelques petits vaisseaux, qu'il est difficile de suivre sans ce moyen.

Il est embarrassant de disséquer les artéres & les veines en même tems; il est néanmoins à propos, quoiqu'on ait la commodité de préparer ces vaisseaux les uns après les autres, c'est-à-dire, les artéres seules sur un sujet, & les veines sur un autre, de suivre ensuite ces deux espèces de vaisseaux sur un même sujet. En effet, si on prépare, comme le conseillent quelques Auteurs, les artéres d'un côté & les veines de l'autre, leur distribution varie tellement, surtout celle des veines, que de ce qu'on aura vû que leur distribution, par exemple, est telle du côté droit, on n'en peut conclure qu'elle soit la même du côté gauche.

Les sujets maigres sont toujours les plus propres pour ces sortes de préparations; & pour se les rendre encore plus faciles, on doit, autant qu'il est possible, commencer par découvrir les troncs principaux.

Le cœur étant la source de presque tous ces vaisseaux, on préparera d'abord pour y parvenir, sans détruire d'autres vaisseaux, les vaisseaux du col.

On fera donc une incision cruciale

de la partie inférieure du menton vers le cartilage xiphoïde, & de la partie antérieure de l'épaule droite à la partie antérieure de l'épaule gauche. On enlevera la peau & le muscle péaucier, & on verra alors différentes veines qui communiquent toutes les unes avec les autres. Ce sont les *jugulaires externes*.

Après avoir observé la distribution de ces veines, on enlevera, sans les détruire, le grand pectoral, le sterno-clino-mastoïdien, la clavicule du côté du sternum. En séparant le grand pectoral du sternum & de la clavicule jusqu'à la portion humérale, on observera une veine, nommée *petite céphalique*, qui distingue ce muscle du deltoïde. On ne coupera point les vaisseaux qui se distribuent dans ce muscle ; & si on est obligé de couper quelques veines, on en fera la ligature, pour empêcher que le sang qui s'en écouleroit ne gâte la préparation suivante. On enlevera aussi le sternum en coupant les cartilages dans l'endroit où les sept premieres côtes sont unies avec lui, & toutes ces côtes de même que les fausses ; & on fera attention à tous les vais-

seaux

seaux qui rampent le long de la partie supérieure du sternum, de même
qu'à ceux qui se trouvent le long du
bord postérieur de la clavicule, du
supérieur de la premiere côte, du
bord inférieur de chacune des côtes,
le long de la face interne des cartilages de ces côtes, à quelque distance
du sternum. On fera ensorte de ne
point ouvrir la plévre ni le péricarde ; on sera néanmoins obligé de
couper tous les petits rameaux de
communication de ces vaisseaux avec
les vaisseaux extérieurs. On peut aussi
ôter les muscles costo-hyoïdiens, ster-
no-hyoïdiens & sterno-thyroïdiens ;
& alors on découvrira de part &
d'autre, le long de la trachée artére,
deux troncs principaux, *la veine jugulaire interne & la carotide* ; au-dessous
de la partie supérieure du sternum,
une grosse veine qui se porte obliquement de droite à gauche, de la
partie inférieure à la partie supérieure
sur la trachée artére, & dans laquelle
viennent se rendre différens rameaux
qui rapportent le sang des glandes
thyréoïdes. En effet, les veines
qui accompagnent les deux artéres
mammaires jettent des branches

au péricarde, au médiaſtin, au thymus ſous le nom d'artéres *péricardines,, médiaſtines*, &c. on peut les ſuivre juſqu'au cartilage xiphoïde, où on voit leur communication avec d'autres artéres récurrentes qui rampent le long de la partie moyenne du bas-ventre.

La jugulaire interne, la jugulaire externe & celle qui ſe continue ſous l'aiſſelle y concourent auſſi. C'eſt la *ſous-claviére gauche*. A la partie poſtérieure de cette veine, à côté de l'embouchure de la jugulaire interne, ou environ, on obſervera celle du canal thorachique, celle de la veine vertébrale & de quelques-unes des veines intercoſtales ſupérieures; & antérieurement l'embouchure des veines mammaires, *&c.*

Les jugulaires du côté droit ſe rendent dans la ſous-claviére de ce côté. La ſous-claviére droite eſt plus courte que la gauche. C'eſt dans cette veine que viennent s'ouvrir les vertébrales, les cervicales, les jugulaires & les thorachiques. Ces veines unies avec elle de ce côté, forment un tronc commun qui s'ouvre dans l'oreillette droite du cœur juſqu'où on

les peut suivre sans ouvrir le péricarde. C'eſt *la veine cave deſcendante* ou
la veine cave ſupérieure. La petite céphalique s'ouvre dans la partie inférieure de la jugulaire externe.

Au-deſſous des veines ſous-clavié-
res, vous remarquerez une groſſe artére
figurée en arc. C'eſt la *croſſe de l'aorte.*
Vous obſerverez les trois troncs qui
s'élevent ordinairement de la partie
ſupérieure de cette croſſe , un du
côté droit qui monte obliquement
ſur la trachée artére & dans un ſens
oppoſé à la veine ſous-claviére. C'eſt
l'artére ſous-claviére droite. Vous verrez
cette artére ſe diviſer en deux troncs,
dont l'un monte le long de la trachée
artére , & prend le nom de *carotide*
droite , & l'autre ſe porte ſous la clavicule & retient le nom d'artére *ſous-*
claviére. C'eſt de cette artére que
part antérieurement l'artére qui rampe le long du ſternum (*l'artére mé-*
diaſtine) & une autre qui rampe le long
du bord poſtérieur de la clavicule
(*la ſcapulaire*) dont vous ſuivrez la
diſtribution dans différens muſcles
de la partie ſupérieure de l'épaule.
Cette artére vient quelquefois de
la thyroïdienne inférieure que vous

trouverez ſe porter en ſerpentant
à la glande thyroïde juſqu'où vous
la ſuivrez, ſans détruire les branches qui partent d'une eſpèce de
coude qu'elle forme ſur les apophyſes tranſverſes des vertébres inférieures du col. Ces branches ſont *la cervicale antérieure* qui monte le long des
apophyſes tranſverſes des vertébres,
& dont vous obſerverez les *petits rameaux* qui entrent dans les intervalles
que les apophyſes tranſverſes de ces
vertébres laiſſent entr'elles ; la *tranſ-
verſaire du col*, dont vous ſuivrez la
diſtribution juſques dans le trapéze
& les autres muſcles voiſins ; la *cervicale* poſtérieure que vous verrez à
la partie poſtérieure de la ſous-claviére, à côté de l'artére vertébrale qui
en part auſſi, & qui entre dans les
trous des apophyſes tranſverſes des
vertébres du col, dans leſquels vous
la ſuivrez de même que les veines
qui l'accompagnent juſqu'à la ſeconde vertébre du col.

Cherchez enſuite la *cervicale poſtérieure* & les *veines* qui l'accompagnent
au-deſſous du grand complexus, juſqu'à la partie inférieure de l'occipital.
Remarquez dans cet endroit une

branche de communication avec la vertébrale, entre la premiere verté-bre & l'os occipital, & une *autre* avec l'artére occipitale. Remarquez les *veines* qui se rendent vers le trou mastoïdien postérieur & vers le trou condyloïdien postérieur.

Les branches de la carotide sont faciles à suivre. Un peu au-dessus du larynx, se voit la division de cette artére en deux branches, dont l'une antérieure se subdivise en plusieurs branches ; c'est là la *carotide externe.* L'autre postérieure se nomme *carotide interne.*

Dégagez les cinq principaux rameaux qui partent de la carotide externe, savoir, 1°. la *thyroïdienne supérieure* que vous suivrez jusqu'à la glande thyroïde, & dont vous observerez un *rameau* principal entre l'os hyoïde & le larynx, nommé *laryngée,* qui part quelquefois de la carotide externe ; 2°. au-dessus de la thyroïdienne, *l'artére sublinguale,* dont vous verrez la distribution en détruisant les muscles basio - glosses & cérato-glosses ; 3°. la *labiale* ou *la maxillaire externe* que vous suivrez vers l'angle de la mâchoire, à côté de la partie antérieure du muscle maffeter ; 4°. l'*artére temporale* que vous découvrirez en détruifant une partie de la parotide ; 5°. l'*artére occipitale* que vous verrez, après avoir détruit le digaftrique, paffer à la partie inférieure de l'apophyfe maftoïde.

La diftribution de la maxillaire externe dans la face eft très-facile à fuivre, pour peu que vous y faffiez attention. Vous obferverez vers l'angle de la mâchoire inférieure un *rameau* qui rampe le long du bord inférieur de cette mâchoire, & un *autre* au-deffous de la glande maxillaire qui rampe fur la partie fupérieure du mufcle mylo-hyoïdien, & fe diftribue à la glande fublinguale. Vous découvrirez l'*artére maxillaire externe*, en enlevant le mufcle triangulaire des lévres vers la partie moyenne duquel cet artére fe divife ordinairement en *deux branches*, dont vous fuivrez l'*une* le long de la lévre inférieure, & l'autre vers l'angle des lévres. Cette derniére fe fubdivife dans cet endroit en *deux branches* ; *une* de ces branches ferpente le long de la lévre fupérieure, & vous la découvrirez en détruifant une partie de l'orbiculaire des lévres. Vous verrez vers la partie moyenne des lévres sa communication avec l'artére du côté opposé, & les rameaux qu'elle jette à la partie inférieure du nez. L'autre branche va gagner l'angle de l'œil : pour la voir, vous détruirez le muscle grand incisif; vous observerez alors sa communication avec une petite artére qui sort par le trou orbitaire inférieur, & les *rameaux* qu'elle jette sur le nez. Cette même branche arrivée vis-à-vis le grand angle de l'œil se subdivise de nouveau en deux branches, dont *l'une* entre dans l'œil vers le grand angle, & *l'autre* se porte sur le front où elle communique avec la temporale.

Suivez de même la distribution des veines de la face. Sciez ensuite la mâchoire inférieure en deux vers sa partie moyenne. Détruisez l'apophyse zygomatique, & vous observerez avant *une branche* de la temporale qui rampe sur le masseter, & qui quelquefois va se distribuer à la lévre supérieure, au nez, *&c.* C'est *la transversaire de la face.*

Enlevez avec dextérité l'arcade zygomatique, le masseter, la glande

parotide & le muſcle crotaphite ; coupez le ligament qui unit la mâchoire
inférieure à l'os des tempes ; & alors
en tirant doucement la mâchoire inférieure par ſon condyle, vous obſerverez *une artére* qui entre dans le
trou mentonnier , & dont vous
verrez la diſtribution en caſſant la
mâchoire inférieure. C'eſt une branche de l'artére maxillaire interne.
Au-deſſous du muſcle crotaphite ,
vous remarquerez la *maxillaire inférieure* ; en en ſuivant la diſtribution,
vous trouverez à la racine de l'apophyſe zygomatique de l'os des tempes l'*artére temporale externe profonde* ;
au-deſſous , la *maxillaire interne* qui
côtoye la racine des apophyſes pté-
rygoïdes ; au-deſſous de la temporale
externe profonde , la *temporale interne
profonde.*

Les rameaux de la maxillaire interne ſont l'*artére alvéolaire* , la *ſous-
orbitaire* , la *nazale* & la *palatine* qui
deſcend dans la fente ſphéno-maxil-
laire. Les noms de ces artéres indiquent aſſez la maniére dont on doit
les chercher.

La carotide interne eſt facile à
pourſuivre juſqu'à ſon conduit , de
même

même que la vertébrale jusqu'au trou occipital. Il faut alors casser les os, en observant de ne point détruire ces artéres, & de ne point enfoncer les os dans le cerveau. La préparation sera d'autant plus facile, que le sujet sera plus jeune.

Vous verrez, à mesure que vous détruirez les os, la carotide se couder dans son conduit & sur les parties latérales de la fosse pituitaire, où elle forme antérieurement un autre coude de la convexité duquel il part deux *rameaux*, dont l'*un* se distribue à la dure-mere, & l'autre (l'*opthalmique*) entre par la fente orbitaire supérieure dans l'œil pour s'y distribuer. C'est ce dernier rameau qui communique avec l'angulaire de la carotide externe.

La carotide se fléchit ensuite de devant en arriére, & se divise en *deux branches* principales, dont vous suivrez l'*une* entre les deux hémisphéres du cerveau, où elle se distribue, & communique quelquefois avec celle du côté opposé devant l'apophyse crista-galli. Cherchez l'*autre branche* dans la scissure de SYLVIUS où elle se subdivise en plusieurs autres qui fe diftribuent à toute la partie convexe du cerveau.

Quant aux artéres vertébrales, vous les obferverez fur l'apophyfe bafilaire où elles viennent fe réunir, pour ne compofer qu'un feul tronc (*l'artére bafilaire*) qui parvenu vers les apophyfes clynoïdes poftérieures, fe fubdivife en *deux branches.* Ces deux branches communiquent avec la branche de la carotide externe qui entre dans la fciffure de Sylvius. Vous verrez auffi la *branche* que l'artére bafilaire jette dans le trou auditif interne (*l'artére auditife interne*) , les *branches* qu'elle jette à la moëlle épiniaire (les *artéres fpinales*), les *branches* qu'elle jette à la dure - mere qui tapiffe les foffes poftérieures & inférieures du cerveau.

Les veines qui rapportent le fang du cerveau , rampent toutes fur fa fuperficie , & vont fe dégorger dans les finus de la dure-mere , qui, pour la plus grande partie , viennent fe terminer dans les jugulaires internes, que vous trouverez vers le trou déchiré poftérieur. Il fe joint de part & d'autre à ces veines une branche formée par plufieurs rameaux qui viennent s'y rendre ; ces rameaux rapportent le sang distribué par les artéres maxillaires, labiales, sublinguales, &c. & prennent le nom des artéres qu'ils accompagnent. La jugulaire interne formée de ces deux branches descend le long de la carotide interne pour aller s'ouvrir dans la sous-claviére, & elle reçoit vis-à-vis le larynx, une ou deux branches qui rapportent le sang de la glande thyroïde.

Après avoir ouvert le péricarde, observez deux grosses artéres, dont l'une passe obliquement sur l'autre, & va se rendre du ventricule droit au poumon. C'est *l'artére pulmonaire.* Vous verrez derriére cette artére l'aorte sortir du ventricule gauche. En ouvrant ces deux artéres, à leur embouchure dans les ventricules, vous découvrirez *trois valvules,* & immédiatement au-dessus des valvules de l'aorte, les *orifices* des artéres coronaires. Et en suivant la direction de cette artére, vous rencontrerez les embouchures des deux artéres sousclaviéres de la carotide gauche ; ensuite un *ligament* qui unit cette artére à la pulmonaire, & qui dans les fétus est un conduit par où le sang passe d'une artére à l'autre ; au-desfous, l'*artére bronchiale*, les *artéres œfophagiennes*, les *artéres intercoftales* ; à la droite de l'aorte, la *veine azygos*, qui s'ouvre dans la veine cave, & dont les branches accompagnent les artéres intercoftales.

Au refte, vous devez obferver que pour réuffir dans cette préparation, il faut détruire en partie les poulmons & enlever la plévre qui tapiffe cette cavité en dedans, en féparant avec adreffe le tiffu cellulaire qui l'unit aux autres parties.

Vous pouvez, fi vous le jugez à propos, fuivre la diftribution des artéres fous-claviéres dans l'extrémité fupérieure ; & il n'eft perfonne qui ne connoiffant les mufcles de cette extrémité, ne fuive exactement ces vaiffeaux, furtout s'il en a lû la defcription.

Il faut pour difféquer les vaiffeaux du bas-ventre, en préparer les mufcles ; & alors vous obferverez fous le mufcle droit, l'*artére* & la *veine épigaftrique* ; entre les mufcles obliques & tranfverfes, les *veines* & les *artéres lombaires.* Ces mufcles étant enlevés fans intéresser le nombril, vous découvrirez le péritoine, & vous trouverez au-dessus du nombril, & à droite, une espèce de *ligament* garni de beaucoup de tissu cellulaire, lequel va aboutir au foie (la *veine ombilicale*), & au-dessous, les *deux artéres ombilicales* & *l'ouraque* qui se réunissent au nombril & s'éloignent inférieurement en formant deux triangles, dont l'ouraque qui va aboutir à la vessie, forme le côté commun. Ils sont aussi environnés de beaucoup de tissu cellulaire. Cela fait, dégagez lentement & avec beaucoup d'attention le péritoine du muscle transverse ; & lorsque vous serez arrivé vers la partie postérieure, vous le verrez se séparer très-facilement, les cellules paroître beaucoup plus nombreuses. C'est dans ces cellules que font engagées les artéres & les veines spermatiques. En dégageant ainsi de plus en plus le péritoine de la partie postérieure vers la partie moyenne, vous découvrirez à gauche le *tronc de l'aorte*, & à droite le *tronc* de la veine cave inférieure. Vous pouvez alors percer le péritoine, l'ôter vers le col de la vésicule du fiel

pour y découvrir le tronc de la veine-
porte.

Tous les troncs ainfi découverts ,
il eft facile , pour peu que vous ayez
lû la defcription , d'en fuivre la diftribution.

Quant aux artéres & aux veines du
baffin , il faut pour les préparer en
fituation , féparer les deux os pubis
dans leur fimphyfe , les éloigner l'un
de l'autre , en tirant de part & d'autres les deux cuiffes ; enfuite avec de
l'attention on vient à bout de fuivre
la diftribution des artéres & des
veines du baffin.

Pour préparer les vaiffeaux de l'extrémité inférieure , vous devez obferver de ne lever que la peau , afin de
ne point couper les veines cutanées.
que vous devez préparer d'abord ,
& enfuite les veines qui accompagnent les artéres de même que ces artéres , en les fuivant attentivement
dans toutes leurs diftributions.

CHAPITRE CINQUIE'ME.

Des Injections.

INjecter en Anatomie, c'est la méthode de remplir les vaisseaux des animaux avec une liqueur colorée, qui tenant ces vaisseaux distendus, laisse la liberté d'en observer plus exactement la distribution, la direction, la situation, *&c.* de découvrir leurs ramifications & leurs anastomoses, qu'il ne seroit pas possible de découvrir sans ce moyen.

C'est une découverte des Modernes qui a beaucoup contribué à développer la structure œconomique des parties. Il est bien vrai que Galien avoit gonflé d'air les vaisseaux, pour les rendre plus sensibles; mais les excellentes figures qu'Eustachi a données de ces vaisseaux, nous donnent tout lieu de croire qu'il connoissoit mieux ce moyen.

Swammerdam est le premier qui ait imaginé d'injecter les vaisseaux avec la cire. Graaf est le premier

néanmoins qui ait rendu cette méthode publique, qui ait décrit & donné
la figure de la feringue & des tuyaux
propres à ces injections; mais Ruysch
a porté fi loin cette découverte,
qu'il fe l'eft rendue prefque propre,
& on fait quelle réputation il s'ac-
quit dans ce genre. Ce grand homme faifoit cependant un myftere de
ce fécret. Le célébre Monro l'a enfin révélé dans un Mémoire inféré
dans les Effais de la Société d'Edim-
bourg; & c'eft de ce Mémoire que
j'ai tiré la plus grande partie de ce
que j'ai à dire fur les injections.

L'inftrument dont on fe fert pour
pouffer la liqueur dans les vaiffeaux,
eft une forte feringue de cuivre, dont
le pifton doit couler avec aifance,
& à laquelle peuvent s'adapter différens tuyaux qu'on y fixe par le moyen
d'une vis. Les extrémités de ces
tuyaux ont différens diamétres, &
font fans vis, afin qu'ils puiffent entrer dans d'autres tuyaux, & s'em-
boëter avec eux fi exactement, que
pour peu qu'on les force l'un contre
l'autre, rien ne puiffe paffer entre
eux; mais parce que leur cohéfion
n'eft pas affez forte pour réfifter à la

force avec laquelle on pousse l'injection, & qu'il est à craindre que ce
second tuyau ne soit repoussé, &
que la matiére de l'injection ne s'é-
chappe, & ne fasse ainsi manquer l'o-
pération ; l'extrémité du second tuyau
qui reçoit celui qui est fixé sur la
seringue doit avoir, à l'extrémité par
laquelle il reçoit, un rebord saillant
garni de deux branches, afin de pouvoir la contenir avec deux doigts :
l'autre extrémité de ce second tuyau
est de différente grosseur, & il a vers
cette extrémité une coche ou entailleure qui sert à arrêter le fil qui lie le
vaisseau par lequel on doit faire l'injection, & l'empêche de glisser. Outre cette forme commune à tous les
tuyaux de la seconde espèce, on
doit en avoir quelques-uns qui soient
plus larges, & qui soient figurés
d'une autre maniére pour des cas par-
ticuliers ; par exemple, si on veut
faire l'injection par les gros vaisseaux,
le tuyau attaché à un grand vaisseau,
doit avoir une valvule ou un bouchon qu'on puisse tourner selon le
besoin, pour empêcher que l'injection ne sorte du vaisseau par le tuyau ;
autrement il faut que celui qui fait

l’injection attende pour retirer la feringue , que la matiére injectée foit
refroidie ; ou s’il retire trop tôt la feringue , l’injection s’échappe , & les
gros vaiffeaux fe défempliffent. Lorfque la feringue n’eft pas affez grande
pour contenir toute la matiére néceffaire pour remplir les vaiffeaux ,
il faut la remplir une feconde fois ;
fi on étoit obligé pour cela de retirer la feringue du tuyau attaché au
vaiffeau, l’injection qui refteroit dans
le tuyau , expofée à l’air , fe refroi-
diffant , empêcheroit qu’on en pût
pouffer de nouvelle. Pour obvier à
cet inconvénient , on peut fe fervir
d’une petite broche de fer figurée en
cône , montée fur un manche de
bois , & de groffeur à pouvoir s’a-
dapter aux différens tuyaux fur lefquels on aura lié les vaiffeaux. On
aura foin de tenir cette broche chaude pour l’introduire dans le tuyau lié
au vaiffeau , toutes les fois qu’on en
retirera la feringue.

La feringue & les tuyaux font ordinairement faits de cuivre jaune.
Voyez la figure de tous ces inftrumens *Planche* 4.

Les liqueurs dont on fe fert lorf-

qu'on a dessein de remplir les vaisseaux capillaires , sont telles qu'elles
peuvent se mêler ou avec l'eau, ou
avec les liqueurs grasses. Les unes &
les autres ont des avantages & des
inconvéniens dont on fera mention
en parlant de chacune en particulier,
& on indiquera celles qui réussissent
le mieux. Toutes les différentes espèces de gluë , comme .la colle de
poisson , la colle forte , *&c.* dissou-
tes & délayées dans l'eau , se mêlent
aisément avec les liqueurs contenues
dans les vaisseaux des animaux , ce
qui est un grand avantage , car elles
pénétrent jusques dans les plus petits
vaisseaux d'un sujet bien choisi &
bien préparé, & souvent elles suffi-
sent pour répondre à l'intention de
l'Anatomiste , lorsqu'il n'a d'autre
dessein que de préparer quelques fines
membranes , dont les vaisseaux sont
si déliés qu'il n'est pas possible de
s'appercevoir à la vuë si les sections
transversales de ces vaisseaux sont cir-
culaires , ou si leurs parois sont affaissés. Mais lorsqu'il faut aussi injecter les gros vaisseaux , ces sortes
d'injections ont un inconvénient , &
la préparation en est moins utile &

moins belle. En effet, si l'on n'injecte
qu'une liqueur glutineuse, il n'est pas
possible de conserver un sujet aussi
long-tems qu'il en faut à la colle pour
sécher & se durcir ; & comme en
disséquant la partie injectée, il n'est
guéres possible qu'on ne coupe plusieurs vaisseaux, l'injection s'épan-
cheroit. Pour éviter cet inconvénient, on pourroit tremper la partie
dans l'esprit de vin, qui congéle-
roit la colle ; mais alors elle devient
si fragile, qu'elle se casse pour peu
qu'on la manie ; & si l'on veut conserver la préparation, les gros vaisseaux se flétrissent presqu'entiérement,
lorsque les parties aqueuses de l'injection sont évaporées. On pourroit
aussi prévenir l'épanchement de l'injection en liant aisément chaque vaisseau avant de le couper ; mais cela
n'empêche pas que les vaisseaux ne
se contractent lorsque la colle se dé-
séche. Si pour obvier à ces inconvéniens, on commence à injecter
d'une dissolution de colle ce qu'il en
faut pour remplir les vaisseaux capillaires, & que pour remplir ensuite
les grands vaisseaux, on se serve de
l'injection grasse ordinaire, la cire ne

va pas fort loin sans se congeler,
& les deux sortes d'injection ne man-
quent jamais de se mêler irréguliére-
ment, de sorte que les vaisseaux paroissent interrompus & cassés par la
séparation mutuelle de ces deux liqueurs, ce qui devient encore plus
sensible dans la suite, à mesure que
les parties aqueuses se dissipent. L'esprit de vin coloré se mêle avec les
eaux & les huiles, & peut encore
pénétrer jusques dans les plus petits
vaisseaux ; mais d'un autre côté il
coagule toutes les liqueurs animales
qu'il rencontre, ce qui bouche quelquefois les vaisseaux, de maniére
que l'injection ne sauroit passer jusques dans les capillaires. D'ailleurs
l'esprit de vin ne peut qu'avec peine
tenir suspendues quelques-unes des
poudres qui communiquent les couleurs les plus durables ; & comme il
s'évapore à la fin entiérement, les
vaisseaux deviennent fort petits ; &
cette petite quantité de poudre colorée qui reste dans les vaisseaux,
n'ayant rien qui en tienne les parties
liées & réunies entr'elles, paroît ordinairement interrompuë en tant d'endroits, que les petites ramifications

des vaiſſeaux ont plutôt l'apparence d'un coup de pinceau jetté au hazard , que de tuyaux réguliers & continus. Le ſuif fondu & mêlé avec un peu d'eſſence de thérébentine peut quelquefois remplir les petits vaiſſeaux , & tient les plus gros ſuffiſamment diſtendus ; mais il s'arrête dès qu'il rencontre quelque fluide dans les parties, & il ne peut jamais pénétrer auſſi avant que les autres liqueurs ; il a d'ailleurs ſi peu de tenacité , qu'il ſe caſſe pour peu qu'on le manie , ce qui rend les préparations fort déſagréables.

Ce qui réuſſit le mieux pour les injections fines , c'eſt l'eſſence de thérébentine colorée , qu'on pouſſe d'abord à la quantité requiſe pour remplir les plus petits capillaires , & immédiatement après on remplit les gros vaiſſeaux avec l'injection commune. L'eſſence de thérébentine eſt aſſez ſubtile pour pénétrer plus avant qu'aucune autre liqueur colorée. Les parties réſineuſes qui reſtent après l'évaporation des parties ſpiritueuſes, lient aſſez celle de la matiére qui a ſervi à la colorer, pour les empêcher de ſe déſunir , & elle s'incorpore in-

timement avec l'injection ordinaire,
de maniére que si l'injection est bien
faite, il est impossible à la vuë la plus
perçante de s'appercevoir qu'on a
employé deux sortes d'injections. Il
sera cependant à propos de mêler de
l'esprit de vin avec l'essence de thérébentine, si l'on veut conserver la
préparation; car l'essence de thérébentine faisant noircir par la suite les
couleurs, & privant les vaisseaux de
leur transparence, rend ces préparations moins gracieuses à la vuë.

Toutes les liqueurs dont on se sert
pour injecter les vaisseaux des animaux, n'ayant qu'une foible, & presque toute une même couleur, ne
paroîtroient point du tout dans les
plus petits vaisseaux, parce qu'elles
y deviennent entiérement transparen-
tes. Il faut pour les rendre sensibles,
y mêler quelque matiére capable de
les colorer; & lorsqu'on injecte différens vaisseaux d'une partie, même
des plus gros, on a de la peine à
distinguer les uns des autres, à moins
qu'on ne donne différentes couleurs
aux injections, ce qui rend aussi les
préparations plus belles. Pour cet
effet, les Anatomistes se sont servis

de plufieurs matiéres pour colorer
leurs liqueurs, felon leurs différentes
intentions, telles, par exemple, que
la gomme gutte , le fafran, l'encre,
l'yvoire brûlé , & plufieurs autres
qu'on peut avoir aifément. L'effen-
tiel eft d'examiner les matiéres propres à être mêlées avec les liqueurs
deftinées à injecter les vaiffeaux capillaires ; car il eft rare qu'on ait
befoin d'injecter d'autres vaiffeaux,
excepté quelques ramifications principales des artéres & quelques veines.
Les couleurs communément employées pour ces deux fortes de vaiffeaux , font le rouge , le vert & quelquefois le bleu. Les Anatomiftes ,
fans doute , fe font propofés d'imi-
ter les couleurs naturelles des artéres
& des veines de l'animal vivant, en
rempliffant les artéres avec une matiére rouge , & les veines avec une
matiére bleue ou verte. Il réfulte cependant d'autres avantages de ces
couleurs , telle que la vive réflexion
des rayons de lumiére , & le peu de
difpofition qu'elles ont à les laiffer
paffer , ou à devenir tranfparentes ,
fans quoi les vaiffeaux les plus fins
feroient encore imperceptibles après
avoir été injectés.   Les

Les matiéres animales & végétales dont on se sert pour colorer les injections , telles que la cochenille , la lacque , l'orcanete , le bois de bresil, l'indigo , *&c.* ont en général l'inconvénient de se grumeler & de boucher ainsi quelques vaisseaux ; leurs couleurs se passent aussi trop tôt , lorsqu'on fait dessécher les parties pour les conserver , & elles les communiquent aisément aux liqueurs dans lesquelles on conserve les préparations, outre qu'elles ont l'inconvénient d'attirer les insectes ; ainsi on doit préférer les substances minérales , comme la pierre calaminaire , le minium ou le vermillon , pour les injections rouges ; & de ces matiéres , la derniére est encore préférable , parce qu'elle donne une couleur plus vive, & qu'on la trouve ordinairement mieux broyée. La couleur verte qu'on employe généralement , est le vert de gris ; mais on doit se servir plus volontiers de cette préparation qu'on appelle vert de gris cristallisé , parce que sa couleur est plus éclatante, qu'il ne se gruméle jamais, & qu'il se dissout dans les liqueurs grasses. D'autres se servent du bleu de Prusse, par-

ce que sa couleur approche plus de
celle que les veines paroissent avoir
naturellement, & que d'ailleurs la
réflexion des rayons de lumiére sur
cette couleur étant plus vive, c'est
un moyen de distinguer les vaisseaux.

La maniére de préparer l'injection
où entre ces matiéres minérales, est
de prendre pour les injections fines,
une livre d'essence de thérébentine
bien claire, & d'y mêler peu à peu
trois onces de vermillon, ou de verd
de gris cristallisé, ou de bleu de
Prusse, en poudre subtile, ou plutôt exactement broyé sur le porphyre;
il faut les agiter avec une spatule de
bois jusqu'à ce que le mélange soit
exact, & passer ensuite la liqueur
par un linge fin. La séparation des
parties grossiéres se fait encore mieux
en ne versant d'abord sur la poudre
que quelques onces d'essence de thérébentine, & agitant fortement avec
une spatule; laissez un peu reposer,
& versez par inclination dans un autre vase bien net l'essence de thérébentine, le vermillon ou le verd de
gris, *&c.* qui y est suspendu, & ré-
pétez cela jusqu'à ce que l'essence de
thérébentine n'enleve plus de la pou-

dre, & qu'il n'en reste que les parties les plus grossiéres. On doit néanmoins observer qu'il est à propos d'employer l'injection aussitôt qu'elle est soulée de poudre, autrement la poudre se précipite & l'injection se décolore. Et dans ce cas on peut se servir de la seringue, pomper la liqueur & la pousser à plusieurs reprises, jusqu'à ce qu'on voye la liqueur chargée de nouveau de la poudre qu'elle tenoit auparavant suspendue. L'injection ordinaire se prépare ainsi. Prenez une livre de suif, cinq onces de cire blanche, trois onces d'huile d'olive ; faites fondre ces matiéres au feu de lampe, ou à quelqu'autre feu modéré ; lorsqu'elles seront fonduës, ajoutez-y deux onces de thérébentine de Venise ; & quand elle sera mêlée, vous y ajouterez trois onces de vermillon ou de verd de gris préparé, que vous mêlerez peu à peu ; passez alors votre mélange par un linge propre & chauffé pour séparer toutes les parties grossiéres ; & si vous voulez pousser cette matiére plus avant dans les vaisseaux, ajoutez-y un peu d'essence de thérébentine.

K ij

Voici quelques régles générales
pour le choix d'un sujet convenable..
Plus le sujet que l'on injecte est jeune, plus aussi toutes choses d'ailleurs
égales l'injection se portera loin.. 2°.
Plus les fluides de l'animal auront
été dissous & épuisés pendant sa vie,
plus aussi le succès de l'opération sera
grand. 3°. Moins la partie que l'on a
dessein d'injecter est solide, plus les
vaisseaux se rempliront. 4°. Plus les
parties sont membraneuses & transpa-
rentes, plus l'injection sera sensible. C'est pourquoi lorsqu'on injecte
quelques parties solides d'un vieux
sujet qui est mort ayant les vaisseaux remplis d'un sang épais, à
peine est-il possible de pousser l'injection dans quelques petits vaisseaux.
Les principales choses que l'on doit
avoir en vuë lorsqu'on a dessein d'injecter un sujet, sont de dissoudre les
fluides épaissis, de vuider les vaisseaux, de relâcher les solides, &
d'empêcher que la liqueur injectée
ne se coagule trop tôt.

Pour répondre à toutes ces intentions, les Auteurs ont proposé d'injecter par les artéres de l'eau tiéde ou
chaude, jusqu'à ce qu'elle revienne

claire par les veines ; & les vaisseaux par ce moyen sont si bien vuides de tout le sang qu'ils contenoient, que les parties en paroissent blanches. Ils conseillent ensuite de pousser l'eau en introduisant de l'air avec force, & enfin de faire sortir l'air en pressant avec les mains les parties où il a été introduit. Après une semblable préparation, on peut parvenir, il est vrai, à faire des injections subtiles ; mais il y a ordinairement un inconvénient inévitable, qui est que dans toutes les parties où il se trouve un tissu cellulaire tant soit peu considérable, il ne manque jamais d'être engorgé d'eau, ce qui gâte les parties qu'on a dessein de conserver dans des liqueurs, ou de faire dessécher. Il est encore rare qu'il ne se mêle avec l'injection grasse, soit dans les grands, soit dans les petits vaisseaux, quelques parties aqueuses qui font paroître l'injection interrompue. C'est pourquoi il vaut mieux se passer de cette injection avec l'eau, si on le peut, & faire macérer le sujet ou la partie que l'on a dessein d'injecter pendant long-tems dans de l'eau chauffée au degré qu'on y puisse facilement supporter la main. Par le moyen de cette eau chaude , les vaisseaux seront suffisamment ramollis & relâchés , le sang deviendra fluide , & l'injection ne sera pas exposée à se refroidir sitôt ; mais il faut avoir soin que l'eau ne soit point trop chaude ; car les vaisseaux se racorniroient, & le sang se durciroit. On peut pendant la macération exprimer de tems à autre , autant qu'il est possible, les liqueurs de l'animal, & les déterminer vers le vaisseau qu'on a ouvert pour pousser l'injection. Le tems qu'il faut continuer la macération est toujours proportionné à l'âge du sujet, à la grosseur & à la grandeur des parties qu'on veut injecter, & à la quantité de sang qu'on remarque dans les vaisseaux ; ce qui ne peut guéres s'apprendre que par l'expérience. Mais il faut au moins faire ensorte que tout le sujet , ou la partie macérée soit bien chaude , & continuer à presser en tout sens avec les mains ; jusqu'à ce qu'il ne sorte plus de sang , dans quelque situation qu'on mette le sujet.

Lorsque la seringue à injecter, l'injection & le sujet sont en état, il faut choisir un des tuyaux de la seconde espèce, *Planche 4.* dont le diamétre soit proportionné à celui du vaisseau par lequel doit se faire l'injection ; car si le tuyau est trop gros, il est évident qu'on ne pourra pas l'introduire ; & s'il est beaucoup plus petit que le vaisseau, il ne sera pas possible de l'attacher si bien que les tuniques des vaisseaux en se repliant, ne laissent entr'elles & le tuyau quelque petit passage par lequel une partie de l'injection rejaillira sur celui qui injecte, & les vaisseaux les plus proches se vuideront en partie par la perte d'une portion de la liqueur injectée. Lorsqu'on a choisi un tuyau convenable, il faut l'introduire dans l'orifice du vaisseau coupé, ou dans une incision qu'on y fait latéralement ; & alors ayant passé un fil ciré au-dessous, & le plus près du vaisseau qu'il est possible, par le moyen d'une éguille ou d'une sonde flexible & armée d'un œil, il faut faire avec ce fil le nœud du Chirurgien, & le serrer autant que le fil le permet sans que le fil porte sur la coche ou entailleure du tuyau ; autrement le nœud glisseroit & le tuyau fortiroit du vaiffean dans le tems de l'opération, ce qui la rendroit inutile. S'il fe trouve de grands vaiffeaux coupés qui communiquent avec ceux qu'on a deffein d'injecter, ou s'il y en a d'autres qui partent du même tronc, & qu'on ne veuille pas y faire paffer l'injection, il faut les lier tous avec foin pour ménager la liqueur, & pour que l'opération réponde mieux à l'intention que l'on a pourlors. Tout cela étant fait, il faut faire chauffer au feu de lampe les deux fortes d'injections, ou à tout autre feu modéré, crainte de les noircir, ayant toujours foin de les remuer continuellement, de crainte que la poudre qui leur donne la couleur ne fe précipite au fond & ne fe brûle. L'effence de thérébentine n'a pas befoin d'être chauffée plus qu'il ne convient pour qu'on y puiffe tenir le doigt. L'injection ordinaire doit prefque bouillir. On aura avant tout cela enveloppé la feringue avec plufieurs bandes de linge qu'on mettra principalement aux endroits par où l'Opérateur doit la tenir, & qu'on affermira avec un fil. Il faut bien échauffer la feringue en pompant à

plufieurs

plusieurs reprises de l'eau bien chaude. Il faut aussi chauffer le tuyau attaché au vaisseau, en appliquant dessus une éponge trempée dans l'eau
bouillante. Tout étant prêt, & la seringue bien vuidée d'eau, l'Opérateur la remplit de l'injection la plus
fine; & introduisant le tuyau monté
sur la seringue dans celui qui est lié
avec le vaisseau, il les presse l'un
contre l'autre; il tient avec une
main ce dernier tuyau, prend la seringue de l'autre; & portant le piston
contre la poitrine, il le pousse en
s'avançant dessus; ou bien il donne à un assistant le soin de tenir
fermement le tuyau attaché au vaisseau; & prenant la seringue d'une
main, il pousse le piston de l'autre,
& il introduit ainsi l'injection; ce qui
doit se faire lentement & sans beaucoup de force, d'une maniere cependant proportionnée à la longueur,
à la masse de la partie que l'on injecte, & à la force des vaisseaux. La
quantité qu'il faut de cette injection
fine s'apprend par l'usage. La seule
régle qu'on puisse suivre en cela,
est de continuer à pousser l'injection
fine jusqu'à ce qu'on sente quelque

résistance qui demanderoit une force considérable pour être surmontée ; mais il n'en est pas de même lorsqu'on ne veut pas injecter toutes les branches d'un vaisseau ; comme par exemple, si on veut injecter les vaisseaux de la poitrine seulement ; car l'aorte est trop grande, eu égard aux branches qui en partent, il faut moins d'injection fine. Aussi-tôt qu'on a senti cette résistence, il faut tirer le piston de la seringue, afin de désemplir les plus gros vaisseaux ; on ôte alors la seringue ; on la vuide de ce qu'elle contient d'injection fine & on la remplit de l'injection ordinaire qu'il faut pousser promptement & avec force, ayant toujours égard à la grandeur, à la solidité des vaisseaux & à la grosseur de la partie ; on continue à pousser le piston jusqu'à ce qu'on sente une entiére résistence, ou que la liqueur refluë : on doit alors s'arrêter & ne plus pousser l'injection, autrement on ouvriroit quelques vaisseaux, & toute la préparation, ou du moins une grande partie, seroit perdue. Il faut boucher le tuyau avant de retirer la seringue pour la nettoyer, & donner à la matiére injectée en dernier lieu le tems de se refroidir & de se coaguler avant que de disséquer aucune partie.

Les injections se font encore dans le vuide, en mettant la partie que l'on veut injecter sous le récipient de la machine pneumatique, & en faisant passer par la partie supérieure de ce récipient le tuyau que l'on a lié au vaisseau de la partie à injecter, & au moyen duquel on introduit l'injection. M. HOMBERG l'a indiquée Mém. de l'Acad. des Scienc. 1699. La composition du métail dont il se sert pour les injections, est un mélange de parties égales de plomb, d'étain & de bismut. Le tout ayant été fondu ensemble & bien mêlé sur le feu, produit une espèce de métail qui se tient en fonte bien liquide, dans une chaleur moins forte qu'il ne faut pour roussir le papier. On se sert quelquefois de mercure ; mais comme on ne fait ces sortes d'injections que lorsqu'on a quelques recherches en vuë, celui qui les fait est alors très-instruit de la maniere dont il faut s'y prendre.

Il seroit inutile de déterminer les

différentes artéres par lesquelles on
doit faire l'injection, d'autant que
cela dépend de l'intention de celui
qui injecte, & que d'ailleurs cela
exigeroit un très-grand détail.

On doit observer en général, que
comme l'injection paſſe facilement
des artéres dans les veines, il faut
non-ſeulement lier les artéres par leſquelles l'injection pourroit ſortir,
mais encore les veines qui par hazard
ſeroient ouvertes, ou qui pourroient
empêcher le ſuccès de l'injection.
S'il s'agiſſoit, par exemple, de remplir toutes les artéres, & que ce
fût celles d'un grand ſujet qu'on voulût injecter, il faudroit ouvrir la poitrine, en détruiſant quatre à cinq des
cartilages inférieurs qui uniſſent les
vraies côtes au ſternum, à droite
vers leur articulation au ſternum, à
gauche vers leur articulation avec les
côtes ; ſéparer le ſternum en bas au-
deſſus du cartilage xiphoïde, l'éle-
ver de bas en haut & le caſſer s'il
eſt néceſſaire ; faire la ligature de
l'artére mammaire gauche ; ouvrir le
péricarde, lier l'aorte à ſa ſortie du
cœur, lier la veine cave inférieure
& la ſupérieure au - deſſous de l'o-

reillette , de crainte que l'injection ne passant des artéres dans les vei- nes , & de-là dans le cœur , ne réus- sît pas aussi bien qu'on le souhaite- roit. Retirez ensuite le poumon droit de la poitrine pour y découvrir la portion supérieure de l'aorte infé- rieure , attachez l'aorte supérieure ; & au moyen d'un fil que vous aurez eu soin de passer avant de faire l'injec- tion , liez le vaisseau à l'extrémité du tuyau que vous y aurez introduit , de maniere que vous puissiez le retirer sans craindre que l'injection ne sorte. Faites-en de même pour l'extrémité inférieure.

Lorsque le sujet est petit , vous pourrez ouvrir l'aorte à sa sortie du cœur , & injecter toutes les artéres d'un seul coup ; & si vous avez des- sein d'injecter les veines , comme vous ne pouvez remplir celles des extrémités qu'en introduisant l'injec- tion par quelques-unes de leurs raci- nes, il faut en découvrir sur la main & sur le pied d'assez grosses pour y faire entrer le plus petit tuyau que vous aurez, dans la direction du flui- de qui y circule dans l'état naturel ,

& injecter ainsi chacune des extrémités.

Si vous voulez laisser passer l'injection dans l'oreillette droite & dans
le ventricule droit pour injecter en
même tems l'artére pulmonaire, vous
pouvez alors lâcher une des ligatures,
soit de la veine cave supérieure ou
de la veine cave inférieure. Les veines du col & de la tête seront aussi
injectées. Cependant vous pouvez
les injecter en introduisant le tuyau
dans la veine cave supérieure, & alors
l'injection réussit mieux.

Vous injecterez de même la veine-
porte, en commençant par le tronc.

Toutes les artéres s'injectent encore en introduisant l'injection par une
des artéres crurales, ou par une des
carotides, ou par une des sous-claviéres; mais il arrive fort souvent que
ces injections n'ont pas tout le succès
possible, tant à cause que l'injection
passant dans ce cas des vaisseaux
étroits dans de plus larges, y perd
de sa vîtesse, qu'à cause des différens angles des vaisseaux qui s'op-
posent encore au libre passage de
l'injection. D'ailleurs tout le cœur se
remplissant, c'est encore un nouvel

obstacle au cours de l'injection.

Lorsque vous voulez injecter quelque partie, comme une extrémité, soit supérieure ou une inférieure, les vaisseaux du bas-ventre, ceux de la tête, ceux du bassin, liez tous ceux dans lesquels vous n'avez pas intention de faire passer l'injection. Au reste, vous devez remarquer qu'il vaut toujours mieux injecter les parties sans les détacher du sujet, que lorsqu'elles le sont, parce qu'il arrive souvent que faute d'attention on ne lie pas exactement les vaisseaux coupés, & alors l'injection ne réussit pas aussi bien qu'on eût pû l'attendre, sans cet inconvénient.

LIVRE SECOND.

De la Préparation des Viscéres.

LE Corps humain se divise en *tronc* & en *extrémités*. Dans le tronc, sont compris la tête, le col, la poitrine & le bas-ventre; & c'est dans ces différentes parties que sont contenuës celles qu'on appelle *viscéres*. A ces viscéres on a coutume de joindre aussi d'autres parties qui ne sont unies au tronc qu'extérieurement, telles que les parties externes de la génération, & les tégumens communs du corps.

Pour disséquer & étudier les viscéres, il faut premiérement savoir ce qui regarde *proprement* ces parties; ensuite ce qui regarde leur dissection *en général*, & enfin il faut déterminer l'ordre suivant lequel on doit les préparer, les disséquer & les étudier.

CHAPITRE PREMIER.

De ce qui est requis extérieurement pour la Dissection des Viscéres.

A tout ce que nous avons dit touchant les choses extérieures requises pour la dissection des muscles, il faut joindre ce qui suit.

Ayez 1°. une seringue avec toutes ses dépendances, par le moyen de laquelle vous puissiez remplir les vaisseaux de cire, de suif, &c. Voyez *Planche* 4.

2°. Trois petits tuyaux de léton, dont l'un sur un empan & demi de longueur, droit & de la figure d'un cône tronqué, soit ouvert aux deux bouts, de la largeur du petit doigt à l'un, & de la largeur du pouce à l'autre ; il sert à remplir d'air l'épiploon, &c. Les deux autres de la longueur chacun d'un empan, un peu courbés vers leur petit bout, gros dans l'un comme une plume d'oie, & dans l'autre comme une plume de corbeau. L'autre extrémité étant groffe dans l'un & l'autre comme le petit doigt, fervent à remplir d'air les vaiffeaux fanguins. 3º. Deux tuyaux d'acier, tous les deux longs d'un empan & demi, dont un bout courbe & épais tout au plus comme une groffe aiguille, foit percé fi finement qu'un fil de léton de la groffeur d'un fil de foie, ne puiffe y paffer qu'avec peine. C'eft par cette petite extrémité qu'on infinuë du vif argent dans les vaiffeaux fanguins ou lymphatiques. 4º. Plufieurs fils de léton de différente groffeur. 5º. Quelques fondes d'argent, telles que celles dont les Chirurgiens fe fervent pour fonder les plaïes. 6º. Du crin noir pour infinuer dans les petits vaiffeaux, & découvrir leur route. 7º. Une loupe & un microfcope fimple, l'ufage des autres efpèces de microfcope emportant trop de tems. Voyez *Planche* 4. 8º. Enfin, le cadavre d'un adulte de trente ans ou environ, pendu, ou noyé, ou décollé, *&c.* en obfervant au fujet des noyés qu'il faut promptement évacuer le fang qui s'eft répandu dans les poumons & dans le cerveau.

CHAPITRE SECOND.

Des Observations qu'il faut faire sur les Viscéres.

IL faut observer sur les viscéres;
1°. leur *nom général*, 2°. leur *situation*, 3o. leur *figure*, 4°. leur *couleur*,
5°. leur *grandeur*, 6°. leur *surface*, 7o.
leur *bord*, 8°. leurs *cavités internes*,
9°. leur *connexion*, 10°. leur *texture*,
11°. leurs *fonctions*, 12°. leur *usage*,
13°. leur *division*, 14°. leur *distinction*,
15°. enfin leur *nom particulier*.

On appelle *viscéres* certaines parties qui sont situées dans le tronc du Corps humain. On donne aussi ce nom à quelques autres parties situées hors du tronc. Nous laissons à d'autres l'inutile & curieuse recherche de l'origine de ce nom général.

La *situation* des viscéres est la façon dont chaque viscére est placé par rapport à une autre partie, soit que cette autre partie soit elle-même un viscére ou non.

En effet, la *situation* des viscéres

prend différens noms, suivant la diversité de leur co-exiftence ou emplacement par rapport aux autres parties, favoir 1. la fituation droite ou gauche, 2. antérieure ou poftérieure, 3. fupérieure ou inférieure, 4. externe ou interne, 5. mitoyenne ou latérale, 6. droite ou oblique, 7. tranfverfe, 8. circulaire, (outre cela le tronc a fes *régions*, dans lefquelles les vifcéres font contenus), & 9. les régions qui déterminent auffi la fituation des vifcéres.

La *figure*, la *couleur* & la *grandeur* des vifcéres ne font pas les mêmes dans tous les Cadavres, indiftinctement.

Les *furfaces* des vifcéres font *externes* ou *internes*. Quant aux furfaces *externes*, quelques vifcéres n'en ont qu'une, comme l'eftomac, la veffie ; d'autres en ont deux, comme le pancréas ; d'autres en ont en partie une, & en partie deux, comme le foie.

Les vifcéres qui ont des *cavités internes* ont auffi des furfaces *internes*, & les uns n'en ont qu'une, tels que l'eftomac & la veffie : les autres en ont deux, tels que le cœur ; d'autres en ont plusieurs & même sans nombre, tels que les poumons.

Lorsque les viscéres n'ont qu'une seule surface externe , une de leur partie est située à droite & l'autre à gauche , l'une antérieurement, & l'autre postérieurement.

Lorsqu'il y a deux surfaces exterternes , ou l'une est antérieure & l'autre postérieure , ou supérieure & l'autre inférieure.

Lorsqu'il y a en partie une & en partie deux surfaces externes, la situation de la surface en partie unique , est la même que si elle étoit seule , & telle qu'on l'a décrite ; & la situation des deux autres suit la régle établie ci-dessus.

Lorsqu'il n'y a qu'*une* surface *interne*, comme dans l'estomac , il faut appliquer à sa situation ce que nous avons dit ci-dessus de la surface externe. De même lorsqu'il y en a *deux internes* , comme dans le cœur, il faut dire de leur situation ce qu'on a dit de celle des deux surfaces externes. Mais lorsqu'il y a plusieurs surfaces *internes* , ou qu'elles sont sans nombre, comme dans les poumons, alors il n'eſt plus poſſible de déterminer leur ſituation.

Dans les ſurfaces tant internes qu'externes, il faut obſerver le plus ou le moins de *poli*, *l'humidité* & les élévations qui s'appellent, 1. *contours*, 2. *éminences*, 3. *pédoncules*, 4. *tubercules*, 5. *protubérance*, 6. *valvules*, comme dans le cœur, 7. *plis*, comme dans l'inteſtin jejunum 8. *appendices*, les uns *plus grands* comme l'appendice vermiforme du cœcum & les appendices vermiformes du cervelet, la partie ſupérieure du poumon gauche & le cœur; & les autres *plus petits*, tels qu'on en découvre à l'œil & très-diſtinctement au microſcope, ſur la langue & la membrane interne du jejunum. On voit auſſi dans les ſurfaces tant internes qu'externes des *cavités*, qui, ſuivant leurs différentes eſpèces, s'appellent, 1. *ſillons*, 2. *foſſes*, 3. *ciſelures*, 4. *trous*. De ces derniers les uns ſont *plus grands*, tels que le trou ovale du cœur, & les trous du diaphragme par où paſſent la partie poſtérieure de l'œſophage & la partie inférieure de la veine cave; d'autres ſont *plus petits*, & ſont proprement *des pores* tels que les ouvertures par lesquelles les vaisseaux aboutissent & vont se perdre dans la peau.

Le *bord* se forme de la rencontre de deux surfaces externes, comme il est aisé de le voir dans le cœur & dans le foie ; ainsi les viscéres qui n'ont qu'une surface externe, n'ont point de bord ; tel est l'estomac.

Plusieurs viscéres ont des *cavités internes* ; les uns n'en ont qu'une, tels que l'estomac, la vessie, *&c.* les autres en ont plusieurs, comme le cœur & le cerveau ; & les autres en ont sans nombre, comme les poumons.

La *connexion* des viscéres est, 1. à la peau externe, telle est celle de l'intestin rectum ; 2. à d'autres membranes, à des muscles & à des os par le moyen du tissu cellulaire ; 3. à de grands vaisseaux sanguins par le moyen d'autres plus petits petits, comme on l'observe dans tous les viscéres, le cœur même étant immédiatement attaché à de gros vaisseaux ; 4. à de gros nerfs par le moyen des plus petits, le cerveau tenant même immédiatement à de gros nerfs ; 5. enfin à d'autres viscéres mutuellement, ou immédiatement, tel que l'uréthre aux parties génitales externes de l'un & de l'autre sexe , ou médiatement par les vaisseaux sanguins & autres, par exemple , le foie qui est attaché au duodenum par le conduit choledoque. Les viscéres sont aussi attachés de même entr'eux par le moyen des nerfs & des membranes qu'on appelle *ligamens*.

La *texture* ou *structure* , ainsi que la *fonction* ou l'*action* dépendante de la structure, & l'*usage* qui provient de cette action , ces trois choses sont fort différentes dans les viscéres , & même trop difficiles pour être suivies par un jeune Anatomiste; c'est pourquoi nous le renvoyons aux grands Anatomistes modernes.

Les viscéres ont des *parties* naturellement divisées les unes d'avec les autres , soit extrinséquement , soit intrinséquement ; & cette division est faite ou par parties *considérables* & faciles à distinguer , ou par des parties *petites* & presque insensibles. Dans les viscéres où la nature n'a pas fait cette division , l'Anatomiste doit y suppléer , & la faire telle qu'il conjecture que la nature elle-même l'eût faite.

Quelques

Quelques viscéres font naturellement divifés en *grandes parties* , mais
intrinféquement feulement, de forte qu'il
ne paroît à *l'extérieur* aucune divi-
fion : tels font *l'eſtomac* qui eſt com-
pofé de plufieurs membranes cou-
chées les unes fur les autres, les *reins*
qui ont de grandes parties, c'eſt-à-
dire, une fubftance corticale, & une
fubftance compofée des tuyaux de bellini &
de glandes ; d'autres viscéres font divifés par *grandes parties* tant *extrinféque-*
ment qu'*intrinféquement*, comme le cerveau dont les *parties externes* font fes
deux *portions*, le cervelet & la moëlle
allongée, & fes deux *parties internes*
font la fubftance corticale & la fubftance médullaire, comme vous l'a-
vez vû ci-devant. En général il faut
obferver que la nature a, pour ainfi
dire, dépecé les viscéres en *petites* ,
& même en parties *infenfibles*.

Quelquefois auffi l'Anatomiſte divife les viscéres comme la nature elle-même ne l'a point fait , comme
lorfqu'avec un ou plufieurs fils, il
partage *l'eſtomac* en portions droite,
gauche, fupérieure, inférieure, *&c.*
ou lorfqu'il coupe un viscére en morceaux, le *foie* par exemple, afin de

fuivre l'union de la veine cave avec ce vifcére, ou la direction des vaiffeaux qui lui font propres.

La *diſtinction* des vifcéres eſt fondée fur leur différente fituation, leur figure, *&c.* mais furtout fur leur différente ſtructure, qui fait que l'un eſt *mol* comme le cerveau, l'autre ferré comme le cœur, ceux-ci *tranſparens* comme les inteſtins, & tous les autres *opaques.*

Il ne faut pas confondre *ferré* avec *dur.* Un corps *dur* eſt celui qui ne change point fa figure fous le tact; au lieu qu'un corps ferré eſt celui qui changeant de figure lorſqu'il eſt comprimé, la reprend lorſqu'il eſt abandonné à lui-même. Il y a certaines maladies qui font durcir les vifcéres comme une pierre. La corruption les amollit entiérement, & leur ôte tout leur reſſort.

Le *nom ſpécial* des vifcéres n'eſt pas de notre ſujet.

Voilà la méthode qu'il faut fuivre dans l'*étude* des vifcéres : mais l'ordre que nous avons preſcrit ne peut pas s'obferver pour tous les vifcéres ; car on ne peut pas les *préparer* tous chacun dans leur ordre, & cependant

leur examen dépend de leur préparation, puisque cette derniére opération est absolument subordonnée à
l'autre, & n'est faite que pour elle.

CHAPITRE TROISIE'ME.

De la Dissection des Viscéres en général.

CE que nous avons déja dit en
parlant des muscles sur la dissection en général, sur celle du cerveau
& des autres parties, doit aussi s'appliquer ici; à cette différence qu'il
faut autrement garantir de la putréfaction le cadavre destiné à la dissection des viscéres, que celui qui est
destiné à la dissection des muscles des
ligamens & autres parties semblables. Il faut sur le champ séparer du
premier les quatre extrémités.

Il ne reste donc plus du cadavre
que le tronc seul, dont il faut évacuer le sang. Pour cet effet, on ouvre les veines jugulaires internes pour
tirer tout le sang de la tête en com-
primant ses parties extérieures du
sommet vers le col. Après cela on

met le tronc de bout, afin de faire fortir le fang contenu dans l'abdomen par les vaiffeaux de la cuiffe qu'on a ouverts. Ces vaiffeaux étant vuidés, on place le Cadavre de façon que l'abdomen étant plus élevé que la tête , le fang puiffe fortir du tronc par les vaiffeaux axillaires & les veines jugulaires internes que l'on a ouvertes.

L'Anatomifte obfervera d'agiter le Cadavre ç'à & là , afin que les fecouffes facilitent l'évacuation du fang, après quoi on remet le tronc fur le dos. Quelques jours après , pendant lefquels cependant on aura eu foin de vuider l'abdomen, on achevera de faire fortir le fang de la poitrine, s'il y en étoit refté , par la veine cave inférieure ouverte au-deffous du diaphragme. Que l'on ait foin furtout d'évacuer promptement , & le plus parfaitement qu'on pourra , le Cadavre des pendus & des noyés, *&c.* parce qu'ils fe corrompent promptement. Pour celui d'un décollé, ce n'eft prefque pas la peine d'en évacuer le fang , l'opération du décollement y ayant affez pourvû.

Le Cadavre dépouillé de fang autant qu'il eft poffible , il faut com-

mencer par les viscéres les plus faciles à se corrompre, c'est-à-dire,
par les viscéres de l'abdomen, qui seront suivis de ceux de la poitrine,
ceux-ci de ceux de la tête & du col,
& il faudra finir par les tégumens
communs.

On retarde la corruption du tronc
en en séparant les viscéres, les muscles & la peau qui n'ont aucun rapport avec les viscéres qui restent à
disséquer.

CHAPITRE QUATRIE'ME.

De la Préparation des Viscéres.

AVant que de préparer les viscéres,
il faut connoître leur situation,
savoir placer le Cadavre, se placer
soi-même; enfin il faut enlever les
parties attachées aux viscéres & qui
les recouvrent. Cela fait, on commence la préparation.

Pour les situations des parties, il
faut avoir lû WINSLOV ou HALLER.
Il sera même bon d'avoir toujours
devant soi pendant l'opération, ces

excellens livres, afin d'y apprendre non-seulement la situation du viscére, mais encore sa figure, sa structure, &c.

Quant aux situations du Cadavre & de l'Anatomiste, il faut choisir celle qui est la plus commode pour la partie & pour soi-même. Voyez ce que nous avons dit en parlant des muscles.

Que l'Anatomiste observe cependant de ne se régler sur les situations auxquelles nous le renvoyons que pour séparer les viscéres du Cadavre; car pour en faire la préparation plus commodément & plus parfaitement, il faut après les avoir enlevés du tronc, les travailler sur une table séparée.

De même, lorsqu'après avoir achevé la préparation des viscéres de l'abdomen & de la poitrine, on a séparé la premiere vertébre du thorax de la septiéme du col, la tête qui de tout le tronc est restée seule avec le col, ne pouvant à cause de sa figure sphérique, être fixée sur une table, il faut la rendre immobile par le moyen de l'instrument situé à l'une des extrémités de la table. V. *Planche* 1re.

Le Cadavre & l'Anatomiste placés avantageusement, il ne reste plus à faire à celui-ci qu'à dégager les viscéres de toutes les parties qui les recouvrent ; & ces parties sont, 1. la *peau*, 2. la *membrane adipeuse*, 3. le *tissu cellulaire*, 4. les *muscles*, 5. *quelques membranes*, 6. les *vaisseaux sanguins*, 7. les *nerfs*, 8. les *os* ; & enfin 9. les *viscéres eux-mêmes*.

Quant à ce qui regarde la séparation de la peau, de la membrane adipeuse & du tissu cellulaire, il seroit trop long & même inutile, ici qu'il est question de viscéres, de suivre la méthode enseignée dans le traité des muscles. Ainsi du même coup de scalpel, il faut enlever non-seulement la peau, *&c.* mais aussi les muscles, & même quelques membranes, comme la plévre & le péritoine. Les petits vaisseaux sanguins, séparés d'avec les gros, doivent rester unis aux viscéres. Il ne faut ménager entre les nerfs que ceux qui accompagnent les artéres, & qui sont unis aux viscéres. Il faut en séparer les os ; ceux du cerveau, après les avoir sciés ; ceux des poumons & du cœur, après avoir brisé avec un fort ſcalpel la partie cartilagineuſe dès côtes, ou après avoir caſſé avec une tenaille leur partie oſſeuſe. Quand un viſcére en couvre un autre, on le ſépare ; tel eſt l'épiploon avec les inteſtins, & ceux-ci avec le méſentere. Mais lorſque deux viſcéres ſont ſi étroitement unis qu'on ne pourroit les ſéparer ſans les briſer, alors on les prépare tous les deux enſemble ; telle eſt l'uréthre avec les parties génitales externes des deux ſexes.

Il faut obſerver que toutes les parties qu'on vient de nommer, ne peuvent pas ſe ſéparer de chaque viſcére dans l'ordre que nous avons preſcrit, à cauſe de la différence de la ſituation & de l'union de ces parties par rapport aux viſcéres.

Toutes les parties décrites ci-deſſus étant ſéparées des viſcéres, on procéde enfin à leur préparation, de façon qu'on découvre d'abord leurs portions les plus grandes, & enſuite les plus petites par dégrés, juſqu'aux inſenſibles. La plûpart ſe préparent dès qu'ils ſont ſéparés du tronc. Or, cette préparation n'eſt pas la même pour tous.

L'Anatomiſte peut en faiſant une injection

injection de cire, de vif-argent ou
d'air, ou en introduisant un crin,
ou en enlevant délicatement la partie
du viscére qui recouvre les gros vaisseaux, il peut, dis-je, par ces différens moyens suivre tous les vaisseaux
avec leurs ramifications jusqu'à leur
derniére extrémité sensible.

Il faut saisir les nerfs avec un fil de
soie; car une pincette les déchire-
roit; & ainsi soutenus & légérement
tendus d'une main, l'Anatomiste peut
avec le scalpel qu'il tient de l'autre
main, découvrir la marche & la direction du nerf de ce viscére.

On peut aussi dessécher les viscéres, ou les conserver pendant quelque
tems dans l'eau, dans le vinaigre,
ou dans l'esprit de vin. On peut aussi
les remplir entierement d'air; mais
nous parlerons ailleurs plus au long
de ces préparations particuliéres.

CHAPITRE CINQUIE'ME.

De l'Ordre qu'il faut observer dans la Préparation de tous les Viscéres considérés les uns par rapport aux autres.

PRéparer les viscéres les uns par rapport aux autres, dans un ordre fixe & déterminé, c'est préparer tellement tous les viscéres d'un seul & même Cadavre, que l'un ne nuise point à l'autre.

Mais le Cadavre étant mâle ou femelle, & l'Anatomiste ne pouvant conséquemment préparer qu'une seule espèce des parties génitales, il faut qu'il ait sur le champ, pour completter sa préparation, un autre Cadavre de différent sexe, sur lequel il travaillera après avoir préparé tous les viscéres du premier.

Voici l'ordre dans lequel les viscéres doivent se suivre dans leur préparation. Dans le premier Cadavre, soit qu'il soit d'homme ou de femme, il faut préparer d'abord les glandes

axillaires, les inguinales. On sépare
pour cet effet du tronc les quatre extrémités, sans cependant endommager
ni les clavicules, ni les épaules, ni l'a-
nus, ni les parties génitales externes,
& on vuide tout le sang comme nous
l'avons enseigné.

Ensuite dans le premier Cadavre,
s'il est d'homme, on prépare les
viscéres de l'abdomen, qu'on divise
en régions par le moyen de quelques fils. En deux coups de scalpel,
on enléve ensemble la peau, la membrane adipeuse, les muscles & le péritoine, en commençant la premiere
incision à la pointe du cœur, la
conduisant droit jusqu'au nombril,
& détournant à gauche jusqu'à l'os
pubis, & en commençant la seconde
transversalement, de la région droite
des lombes, par-dessous le nombril,
jusqu'à la gauche.

On replie les parties coupées sur
le tronc, où on les fixe. Après avoir
considéré la surface interne du péritoine, on prépare l'épiploon. On
remplit ce viscére d'air, en insinuant
dans sa grande ouverture le tuyau
droit dont nous avons parlé.

Si la graisse a rendu ce viscére trop

pefant, alors on l'injecte difficilement; & quelqu'air qu'on y infinue, on ne peut le faire enfler. Quand on a préparé & contemplé l'épiploon, on l'enléve. Suit le méfentere.

Au côté droit du tronc de la veine méfentérique, eft un vaiffeau lacté du fecond genre, que l'on injecte de vif argent avec un tuyau d'acier, afin de le fuivre jufqu'au réfervoir du chyle où il fe perd.

Suivent les inteftins, le jéjunum, l'iléum, le cœcum, le colon. Séparez enfuite le jéjunum d'avec le duodénum & le colon d'avec le rectum. Séparez auffi du méfentere le jéjunum, l'iléum, le cœcum & le colon, afin de les préparer & de les étudier plus commodément hors du bas-ventre.

On fépare l'eftomac de l'œfophage & du duodénum, & on le prépare. On enléve le méfentere du bas-ventre, à moins qu'on n'y laiffe la petite portion de ce vifcére qui recouvre le vaiffeau lacté dont nous venons de parler. On prépare la rate, le pancréas & le duodénum.

Suit le foie, dans la furface convexe duquel, & au lobe droit, il faut

chercher un vaisseau lymphatique ,
qu'on injectera de mercure avec un
tuyau d'acier pour suivre sa route du
foie , au-dessous du diaphragme ,
jusqu'à de petites glandes voisines de
la veine cave inférieure.

Les parties supérieures de la peau,
des muscles , *&c.* attachées sur le
tronc , doivent être séparées des côtes. Cherchez ensuite sur une des
petites glandes situées près les veines
iliaques externes , un vaisseau lymphatique , que l'injection de mercure
vous fera suivre jusqu'au réservoir
du chyle.

On prépare ensuite , & l'on tire
hors du ventre les reins succenturiaux,
les reins dont le gauche doit être
séparé , en observant de le détacher
délicatement de sa veine, pour ne pas
endommager la veine spermatique
gauche. Tandis qu'on enléve les reins
de l'abdomen , il faut en même tems
enlever les uretéres en les coupant
quatre doigts en travers au-dessous
des reins. On examine la situation du
rectum & de la vessie , ainsi que la
façon dont ils sont unis l'un à l'autre.

Enlevez du tronc les parties infé-

rieures de la peau, des muscles
&c. de l'abdomen, à l'exception de
ce qui se trouve entre l'os des isles
& l'os pubis.

Préparez les peaux qui environnent la verge, celles qui forment le
scrotum, & celles qui enveloppent
les vaisseaux spermatiques. On les
enleve après, mais seulement de dessus cette partie des vaisseaux spermatiques située hors de l'abdomen. On
prépare ces mêmes vaisseaux comme
faisant partie de l'abdomen; & pour
cet effet, on coupe l'aorte inférieure
dans toute sa longueur depuis la naissance de l'une & l'autre artére spermatique.

Il faut ouvrir de même la veine
cave inférieure dans toute sa longueur, jusqu'au côté gauche de la
spermatique droite. On ouvre aussi
dans sa longueur la rénale gauche, de
façon que cette incision passe sur l'o-
rigine de la spermatique gauche, sans
l'endommager. Avec un tuyau d'a-
cier, injectez de vif argent les vaisseaux
spermatiques jusqu'aux testicules, &
observez comment ces vaisseaux, de
compagnie avec les déférens, traversent les muscles du bas-ventre,

dont vous couperez ce qui restoit.

Suit la préparation des testicules, de cette partie des vaisseaux déférens qui y est attachée & de la vessie, autant que sa situation & son union avec les autres parties le permet.

Séparez d'avec les os la vessie, la verge, le rectum & l'anus, afin de préparer ces parties hors du bas-ventre.

Avec la vessie on prépare les uretéres, les vésicules séminales, la partie des vaisseaux déférens attachée à ces vésicules & la prostate.

On prépare après, dans l'abdomen même, le réservoir du chyle, le vaisseau lacté & les lymphatiques que nous avons observé s'y rendre, avec la partie du canal thorachique située dans l'abdomen, autant que le diaphragme en permet l'approche, sans rien changer à la situation ni à l'union de ces parties.

Enfin préparez le diaphragme dans l'abdomen, sans le séparer d'avec les os, autrement les viscéres du thorax se confondroient, & il ne seroit plus possible de considérer leur situation ni leur union dans la cavité du tho-

rax , non plus que celle du diaphragme.

Que si le premier Cadavre est d'une
femme , on se conduit comme dans
la dissection de celui d'un homme ; à
cette différence que dans la femme
on considére dans leur situation &
leur union naturelles , le rectum , la
vessie avec les uretéres , la matrice ,
la partie supérieure du vagin , les ligamens larges de la matrice , les ligamens ronds , les trompes de Fallope , les ovaires & les parties génitales externes avec l'anus. Puis on
prépare les vaisseaux spermatiques de
la maniere suivante.

Ouvrez l'aorte inférieure , la veine
cave inférieure , la veine rénale ou
émulgente gauche. Introduisez un
tuyau de léton dans la veine spermatique droite ; injectez-la d'air vers l'o-
vaire droit ; cet air passera dans la
veine iliaque interne droite , dans la
veine iliaque interne gauche , & enfin dans la veine spermatique gauche. De même l'air pénétreroit de
l'artére spermatique gauche ou droite dans les artéres iliaques internes ,
& de-là dans l'artére spermatique de
l'autre côté , si ces artéres spermati-

ques n'avoient pas le diamétre de
leurs orifices dans l'aorte inférieure
plus petit que quelque tuyau d'acier
que ce soit ; car les plus petits doivent au moins laisser passer dans leur
ouverture un fil de léton de la grosseur d'un fil de soie. L'injection réussit cependant en introduisant un tuyau
de léton dans l'artére iliaque interne
droite ; car alors l'air passe dans l'artére spermatique droite, dans l'artére
iliaque interne gauche, & dans l'artére spermatique gauche. On injecte
ensuite de mercure les vaisseaux spermatiques vers les ovaires ; mais parce qu'ils s'anastomosent avec les vaisseaux iliaques internes, le mercure
pénétreroit par ces derniers jusqu'à
sa matrice & à son vagin, où il se ré-
pandroit, si on n'interceptoit cette
communication par un fil qui traver-
sant l'un & l'autre côté de la matrice par son ligament large, va lier
auprès de la matrice son ligament
rond & la trompe de FALLOPE; alors
les vaisseaux spermatiques s'injectent
de mercure.

On prépare après les ligamens ronds
de la matrice, depuis les os pubis jusqu'à elle, & l'on sépare du

tronc tout ce qui appartient au bas-
ventre.

Préparez enſuite les parties génitales externes avec l'anus , conſer-
vées dans leur union naturelle ; préparez en même tems, autant que vous
pourrez le faire , dans l'abdomen,
le rectum & la veſſie. Séparez des os,
ſans cependant troubler leur union
naturelle , les parties génitales, l'inteſtin rectum , l'anus & la veſſie,
avec la partie des uretéres qui s'y
trouve.

Suivront enfin le réſervoir du chyle,
& le diaphragme , comme nous l'a-
vons enſeigné ci-deſſus.

Aux viſcéres de l'abdomen, ſuccé-
dent ceux de la poitrine. Si le premier Cadavre eſt celui d'un homme,
on coupe la peau en commençant à
la partie ſupérieure du ſternum, où
les clavicules ſont articulées à cet
os , avec une autre inciſion qui commence à l'endroit, où l'extrémité de
la clavicule droite s'articule avec l'é-
paule droite , en continuant ſur cette clavicule juſqu'au ſternum , & de-
là ſur la clavicule gauche, juſqu'à l'é-
paule gauche. Cette peau avec la
graiſſe & les muſcles qui l'accompa-

gnent, étant enlevée de dessus le
sternum, les clavicules & les côtes,
jusqu'aux épaules ; il faut séparer délicatement les clavicules d'avec le
sternum, les muscles & les veines
sous-claviéres, & surtout la clavicule
gauche ; car le canal thorachique touche presque la sous-claviére gauche.
Il faut séparer d'avec les côtes, les
épaules, ainsi que la peau & les muscles qui les revêtissent.

De l'un & de l'autre côté de la poitrine, on coupe avec précaution les sept
côtes supérieures à l'endroit où la partie cartilagineuse s'unit à l'osseuse. Il
faut surtout ménager la premiere côte
gauche, parce que le canal thorachique n'en est point éloigné.

Disséquez avec les côtes, la plévre qui y est attachée.

Avec la plévre on coupe les muscles intercostaux, de façon que ces
deux incisions au travers des côtes,
ne tracent qu'une ligne aux deux côtés de la poitrine. A ces deux mêmes
côtés, il faut détacher délicatement
des sept côtes supérieures, avec une
tenaille, environ trois doigts en travers de l'extrémité osseuse jointe à la
cartilagineuse. Ménagez toujours la

premiere côte gauche, à caufe du voi-
finage du canal thorachique.

Séparez de la partie fupérieure du
fternum les mufcles qui s'y inférent.
Toute la partie du fternum comprife
entre les cartilages de la quatriéme &
cinquiéme vraies côtes de l'un & l'autre côté, doit être tirée avec un ci-
zeau droit & doucement. Ecartez
doucement auffi les poumons du fternum vers les côtés de la poitrine,
ce qui vous découvrira la cavité droite de la poitrine jufques fous le fternum. Là vous examinerez une membrane appellée le *médiaftin*, fa fituation & fon union avec cette cavité
droite, & avec la gauche. Fai-
fant enfuite fur cette membrane
une légére incifion, vous injecterez
d'air avec un tuyau de léton, le tiffu
cellulaire du médiaftin.

Séparez-en le fternum, que vous
féparerez lui-même du diaphragme
avec le cartilage de la feptiéme côte
de chaque côté. Confidérez enfuite
la fituation & la connexion des vifcéres de la poitrine dans cette cavité.
Sur le péricarde paroiffent deux lignes;
ce font les reftes du médiaftin. On prépare & l'on examine le péricarde, après

quoi on le découpe en fautoir, & ces ties cruciales foulevées, préfentent à l'Anatomifte la cavité du péricarde, où il examine le cœur dans fa fituation & avec les parties auxquelles il eft attaché.

Tirant fur le cœur & en dehors les poumons, on découvre les deux cavités de la poitrine jufqu'aux vertébres du thorax ; & là on obferve la plévre qui s'étend depuis ces mêmes vertébres jufqu'aux poumons, & qui entre fes deux membranes & dans fon tiffu cellulaire, contient la veine azigos, l'aorte inférieure, l'œfophage & le canal thorachique. On fait une légére incifion fur la plévre allongée vers les poumons, & autant qu'on peut, loin des canaux ci-deffus, de peur que le canal thorachique & les autres petits vaiffeaux lymphatiques iffus de quelques petites glandes fituées auprès de l'œfophage, & qui fe perdent dans le canal thorachique, ne foient léfés ; & même pour ne pas expofer les petits vaiffeaux aux rifques de l'incifion qu'on fait à la plévre, on injecte d'un peu d'air fon tiffu cellulaire.

Suit la préparation du canal thorachique. Pour cela on commence par injecter le vaisseau lacté & le vaisseau lymphatique dont on a parlé ci-dessus , d'une assez grande quantité de mercure , qui , du réservoir du chyle , passera dans le canal thorachique jusqu'à l'autre extrémité de ce canal qui se perd ou dans la veine sous-claviére gauche , ou dans la veine jugulaire interne gauche. On emporte la partie du diaphragme qui recouvre le réservoir du chyle & le canal thorachique. Penchant ensuite le poumon droit vers le côté gauche , on apperçoit le canal thorachique depuis le diaphragme jusqu'à la quatriéme vertébre du thorax ou environ, entre l'aorte inférieure & la veine azigos, que l'on enleve ensemble avec la plévre qui est couchée sur le canal. Le poumon droit étant remis dans son état naturel, & le gauche étant à son tour panché du côté droit, on prépare le canal thorachique dans la cavité gauche de la poitrine , en le dégageant avec précaution de la plévre. Enfin on prépare l'autre extrémité de ce canal , qui va se décharger ou dans la sous-claviére , ou dans la jugulaire

interne gauche, en enlevant délicatement de dessus ces veines la peau,
les muscles, *&c.* en injectant le canal de vif argent, & poussant l'injection avec le doigt, de la poitrine
vers les veines. Si on les ouvre
ensuite dans leur longueur, on découvre comment le canal thorachique se décharge ou dans l'une &
l'autre, ou dans l'une des deux.

La trachée artére & l'œsophage
doivent être coupés transversalement
vers la premiere vertébre du thorax,
la veine cave supérieure vers le cœur,
& les artéres ascendantes vers l'arc
de l'aorte. Séparez du diaphragme &
du péricarde l'oreillette droite du
cœur avec la portion de la veine cave inférieure unie à cette oreillette.
Débarrassez l'œsophage du diaphragme ; débarrassez-en aussi l'aorte inférieure ; & après l'avoir elle-même
séparée des vertébres du thorax, séparez d'elle les artéres intercostales.

Le cœur & les poumons étant séparés, comme nous l'avons indiqué, de la cavité de la poitrine à
laquelle ils sont attachés, on les en
enleve pour les préparer avec l'œsophage. On sépare la premiere verté-

bre du thorax de la derniere du col , & l'on prépare la furface du diaphragme étendue fur la poitrine. Enfin on enleve les os de la poitrine & de l'abdomen avec les mufcles, *&c.* qui leur étoient encore adhérens.

Si le premier Cadavre étoit celui d'une femme , outre les vifcéres indiqués ci-deffus , il faut préparer les mammelles , fuivant l'ordre prefcri au commencement de l'article précédent.

Suivent les yeux qu'il faut préparer avec le fac & les points lacrymaux. Le canal nafal enfuite ; mais avant lui cependant les parties qui le recouvrent , les cartilages du nez , les parotides , les oreilles externes & les glandes labiales. Cela fait , on coupe la bouche des deux côtés à l'endroit où les lévres fe joignent. Cette incifion doit monter par le bas des jouës, en haut , vers la mâchoire fupérieure , près des gencives , & jufqu'aux molaires fupérieurs. Le bas des jouës étant difféqué , il faut les abaiffer de la mâchoire fupérieure vers l'inférieure , en tournant en dehors leur furface interne pour y confidérer sidérer l'orifice du conduit salivaire de la glande parotide.

Suit la dissection des glandes buccales, celle des glandes maxillaires qu'on enleve après, & enfin celle des sublinguales & des amydales, non pas cependant dans la cavité de la bouche, mais en dehors & sans avoir changé leur situation. Les deux mâchoires séparées & la langue tirée de la bouche, il faut examiner toute sa cavité. Il faut séparer la mâchoire inférieure de l'os temporal droit, & l'on coupe la peau, les muscles, &c. jusqu'au pharynx, en observant cependant de ne point séparer l'amydale droite de la langue ni de la mâchoire inférieure. Il faut la séparer de la mâchoire supérieure de haut en bas, & considérer encore une fois toute la cavité de la bouche, du côté droit jusqu'au fond. Cette même mâchoire inférieure se sépare du temporal gauche de la même façon que du temporal droit.

Le pharynx se disséque transversalement sur la premiere vertébre du col, & on le sépare avec l'oesophage des mêmes vertébres du col. La premiere & la seconde vertébre du col

se coupent depuis la tête. Le palais
avec la luette, les trompes d'Eus-
TACHI & les trous du nez se prépa-
parent dans la cavité de la bouche.

On tire en haut la partie de l'os
sphénoïde, appellée la selle du Turc,
ce qui déouvre l'un & l'autre sinus
sphénoïdal, situé sous la selle. On
découvre de même les deux sinus
frontaux. Il faut ensuite scier toute la
partie inférieure de la mâchoire supérieure ; partie qui contribue à former
les trous antérieurs & postérieurs du
nez, à laquelle aussi les dents sont attachées, & la membrane du palais avec
la luette sont fortement adhérentes.
Cette dissection met à découvert les
deux sinus de la mâchoire supérieure & les deux cavités du nez. Après
les avoir considérés, on introduit
des crins dans les ouvertures, qui
des sinus frontaux, sphénoïdaux &
maxillaires, vont se rendre dans les
cavités du nez, & l'on observe en
quel endroit de ces cavités ces crins
vont aboutir. Ensuite on scie la tête
dans toute sa longueur en deux parties presque égales, ensorte que l'a-
pophyse *cristagalli* avec toute la cloison du nez demeurent attachées à

l'une des moitiés, & que toute la ca-
cavité du nez est ouverte dans l'autre
partie qui se disséque avec la cloison
du nez.

On disséque ensuite le canal nasal ;
& pour cet effet on écarte l'os extérieur depuis le sac lacrymal jusqu'au
nez. L'os spongieux inférieur avec la
membrane pituitaire qui l'enveloppe,
se plie un peu & avec précaution
vers la cloison du nez, tandis qu'une
autre personne injecte d'air l'orifice
supérieur du canal nasal qui est à découvert dans le sac lacrymal. Cet
air sort par l'orifice inférieur du même canal, & en démontre ainsi la situation entre l'os spongieux inférieur
& l'os extérieur. Cet orifice est rond
& d'un diamétre à peu près égal à
celui d'une plume de corbeau. Si
on introduit un stilet ou un crin dans
ce canal, depuis le sac lacrymal jusqu'au nez, alors on dilate & l'on déchire son orifice inférieur dans le
nez.

On sépare les temporaux d'avec
les autres os du crâne, & l'on y prépare les oreilles internes. On disséque ensuite la glande thyroïdienne,
la partie du pharynx attachée au la-

rynx , l'œfophage & la trachée artére avec le larynx. On examine encore une fois les glandes fublinguales & les amygdales , & on les fépare de la langue avec la mâchoire inférieure. Enfin on difféque la langue.

Après tout cela , on prépare dans le premier Cadavre , l'épiderme la peau & la membrane adipeufe.

Dans le fecond Cadavre, foit qu'il foit d'homme , foit qu'il foit de femme , on fépare les quatre extrémités du tronc , dont on tire tout le fang, comme nous l'avons enfeigné.

La peau , la membrane adipeufe & les mufcles du bas-ventre, fe coupent dans le fecond Cadavre bien autrement que dans le premier, afin que l'on puiffe y confidérer la figure & la furface externe du péritoine, ce qu'on n'a pû faire dans le premier , parce que telle opération eût troublé l'ordre & la fituation des vifcéres de l'abdomen , qui ayant été bien préparés dans le premier Cadavre , ne méritent plus ici aucune attention, & doivent être facrifiés à la diffection du péritoine. C'eft pourquoi l'on fait une premiere incifion de la pointe du cœur , droit à l'umbilic ; une seconde , autour de l'umbilic une troisiéme, de l'umbilic droit à l'os pubis ; une quatriéme, de la région lumbaire droite vers l'umbilic , & enfin une cinquiéme de l'umbilic à la région lumbaire gauche. On sépare cette peau de la membrane adipeuse depuis la septiéme vraie côte jusqu'aux aînes, où on la coupe. On fait sur la membrane adipeuse les mêmes incisions que sur la peau, excepté la seconde autour de l'ombilic. Cette même membrane est séparée d'avec les muscles du bas-ventre, & enlevée de la même façon que la peau. Il faut cependant faire cette séparation bien délicatement, depuis les os des isles jusqu'aux os pubis, de peur que si ce second Cadavre est celui d'un homme , les vaisseaux spermatiques ne se trouvent endommagés ; ou si c'est celui d'une femme , qu'on ne déchire les ligamens ronds de la matrice , qu'il faut préparer en tant qu'ils sortent hors de la cavité du bas-ventre.

Les expansions aponévrotiques qui couvrent les muscles droits , ainsi que les pyramidaux , doivent s'ouvrir par

une incision longitudinale, & enfuite
être écartées.

Séparez tous les autres mufcles de
l'abdomen des os & du péritoine ;
mais les expanfions aponévrotiques
de ces mufcles font fortement unies
au péritoine, & furtout vers la ligne
blanche ; c'eft pourquoi il ne faut
pas en cet endroit féparer les parties
les unes des autres, autrement on dé-
chireroit le péritoine.

Il faut encore s'attacher dans les
mufcles à étudier les vaiffeaux fpermatiques, fi le Cadavre eft celui
d'un homme, ou les ligamens ronds
de la matrice fi c'eft celui d'une femme.

Le péritoine doit être un peu dé-
gagé du diaphragme, & tout-à-fait
féparé des mufcles ainfi que des vaiffeaux iliaques internes, fur les reins
jufqu'à leurs vaiffeaux.

Cette préparation découvre la
grandeur & la figure du péritoine,
& indique quels vifcéres font au-de-
dans, & quels vifcéres font hors de
fon fac.

Sur la furface externe du péritoine
l'on apperçoit une ligne, qui va du
nombril au foie ; & le péritoine étant

un peu ouvert aux deux côtés de cette ligne, on découvre le ligament rond du foie, situé dans un pli formé par un allongement du péritoine, qui s'appelle le ligament large du foie.

Plus on ouvre ce pli, plus on diminue le ligament large du foie, parce que l'un & l'autre n'est que la même chose, & plus au contraire la partie du ligament rond appuïée sur la surface interne du péritoine, paroît grande.

Cette preparation réussit plus aisément du côté du nombril que du côté du foie. Le péritoine forme encore un pli pareil pour les deux artéres umbilicales, & un autre pour l'ouraque. Ces trois derniers plis font bien plus petits que le premier, & beaucoup plus sensibles dans un enfant nouvellement né que dans un adulte. On peut préparer les artéres umbilicales & l'ouraque, de façon qu'elles portent sur la surface externe du péritoine. Il faut encore observer que l'ouraque se disséque plus aisément vers la vessie, ce lieu étant plus ferme & plus fourni de tissu cellulaire. Ainsi le pli du péritoine se dé-

veloppe plus commodément vers la
veſſie que vers le nombril ; parce que
vers le nombril il n'y a preſque point,
ou très peu de tiſſu cellulaire , & que
l'ouraque n'y eſt guéres plus gros
qu'un fil de ſoie.

De même les artéres umbilicales
ſe préparent beaucoup mieux du côté des artéres iliaques internes que
du côté du nombril. On coupe le péritoine à meſure qu'on le fait ſortir
de deſſous les muſcles du bas-
ventre. On enleve de l'abdomen ,
ſans autre préparation , (parce qu'on
l'a déja fait dans le premier Cadavre) l'épiploon , l'eſtomac , le duodénum , le jéjunum , l'iléum , le cœcum , le colon , le méſentere , la
rate , le pancréas , les reins & les
reins ſuccenturiaux.

Mais ſi ce ſecond Cadavre eſt celui d'un homme , on diſſéquera ſuivant l'ordre indiqué ci-deſſus, & l'on
étudiera les parties génitales , la veſſie , les uretéres , le rectum & l'anus.
Si au contraire c'eſt un Cadavre de
femme , alors on préparera & l'on
examinera ces parties ſuivant la méthode indiquée ci-devant.

Si le ſecond Cadavre eſt celui d'une
femme ,

femme , il faut préparer les mammelles ; & soit qu'il soit d'homme ou de
femme , il faut faire une dissection
particuliére de la plévre avec le médiastin , afin d'examiner la surface
externe & la figure de la plévre , &
la naissance immédiate qu'elle donne
au médiastin ; opération qu'on n'a
pû faire sur le premier Cadavre, parce qu'elle eût été incompatible avec
la dissection & l'examen des viscéres
du thorax considérés dans leur situation & leur connexion naturelle.

Or, cette préparation particuliére
de la plévre & du médiastin exige ,
1°. qu'on enleve les clavicules du
sternum & des épaules ; 2°. qu'on
sépare ces derniéres d'avec les côtes ;
3°. qu'on enleve de chaque côté sur
toutes les côtes, depuis la premiere
jusqu'à la douziéme, toute la peau
& la chair qui a pu y rester ; 4°. qu'on
sépare tous les muscles intercostaux
d'avec les côtes & la plévre ; séparation qui demande beaucoup de précaution, ainsi que celle de la plévre
d'avec le sternum & les côtes, de
peur d'endommager cette membrane ; 5°. qu'on coupe de dessus le
sternum & la premiere côte de cha-

que côté, les muſcles de la tête & du col ; 6°. qu'on ſépare le diaphragme du ſternum & des côtes ; 7°. enfin qu'on enleve de deſſus le Cadavre, conjointement avec le ſternum , les côtes. Toutes ces opérations mettent la plévre à découvert , & l'on apperçoit diſtinctement les deux ſacs qu'elle forme , & dans leſquels ſont logés les poumons : on découvre auſſi la connexion de la plévre avec le diaphragme, c'eſt-à-dire, ſon expanſion ſur ce muſcle.

L'Anatomiſte enſuite ſaiſiſſant dans chaque main les parties des deux ſacs qui ont été unies au ſternum , & les écartant doucement l'un de l'autre , découvre le péricarde ; mais alors le médiaſtin eſt diſparu , parce que cette partie n'ayant rien de ſubſiſtant par elle-même , n'eſt autre choſe qu'une partie de la plévre , dont les deux ſacs s'avançant du ſternum au péricarde , s'uniſſent en chemin par le moyen du tiſſu cellulaire.

On ſépare enſuite , mais avec délicateſſe , l'un & l'autre ſac de la plévre , depuis le péricarde juſqu'aux poumons ; ce qui donne lieu d'obſerver que la membrane externe du péricarde , n'eſt autre choſe qu'une partie de la plévre même , qui après avoir formé le médiaſtin , s'étend ſur le péricarde juſqu'aux poumons.

Penchant enſuite le Cadavre ſur le côté droit , & ſéparant avec précau-tion le ſac droit de la plévre d'avec les vertébres du thorax, on décou-vre dans le tiſſu cellulaire ſitué entre l'un & l'autre ſac, la veine azigos, l'aorte inférieure , entre leſquelles eſt le canal thorachique & un peu en de-vant l'œſophage.

Enfin dans le ſecond Cadavre , on obſerve la valvule ſituée fort ſenſible-ment dans la partie mitoyenne, entre le diaphragme & le foie , de la vei-ne cave inférieure. On l'avoit em-portée dans le premier Cadavre avec la veine cave inférieure, entre le foie & le diaphragme ; mais elle eſt reſtée toute entiére dans le ſecond , parce qu'on n'y a point dérangé la ſituation reſpective , ni la connexion mutuelle du foie avec la veine cave inférieure & le diaphragme.

Pour obſerver commodément la valvule, on coupe le péricarde & la partie du diaphragme ſituée entre le cœur & le foie. On ouvre enſuite le

fac ou le tronc de la veine cave ;
depuis l'embouchure de la veine cave fupérieure dans ce fac, jufqu'à la
veine cave inférieure vers le foie,
obfervant de faire l'ouverture en long
dans la partie qui eft étroitement
unie aux vaiffeaux pulmonaires droits.
Le fac ouvert & les parties féparées
étant écartées les unes des autres, on
apperçoit diftinctement la valvule. Si
l'on veut continuer la diffection des
autres vifcéres, qu'on fuive l'ordre
prefcrit ci-deffus.

Je pourrois renvoyer les Eléves
en Anatomie au Mémoire de M
Monro, fur la maniére de conferver les parties préparées ; mais comme il a beaucoup de rapport à ce
Traité, j'ai crû leur faire plaifir de
l'y inférer.

CHAPITRE SIXIE'ME.

De la maniére de préparer les Viscéres, &c. pour les conserver.

POur mieux faire paroître les vaisseaux, il faut faire macérer dans l'eau froide les parties injectées qui sont de la couleur du sang, jusqu'à ce qu'on les ait épuisées de cette liqueur rouge. Il faut ensuite en bien exprimer l'eau, & il est même à propos de faire un peu dessécher à l'air les parties qu'on veut garder humides, avant que de les mettre dans les liqueurs propres à les conserver. Mais avant que de pouvoir démontrer les plus petites extrémités des vaisseaux injectés, il faut employer un autre moyen qui est le même qui a déja été pratiqué par plusieurs pour découvrir la structure des feuilles & des fruits, & dont Severinus a fait mention il y a cent ans; & Ruisch a reconnu en dernier lieu, qu'il falloit employer la même méthode pour préparer les vaisseaux des fruits succulens, & ceux du cerveau, qui ne demandent aucune préparation, fi ce n'eft lorfqu'on veut en démontrer les petits vaifleaux.

On mettra donc pour cet effet le cerveau, les poumons, le foie, la rate, ou quelqu'autre partie que ce foit, dont le tiffu eft délicat & qu'on a injecté, dans l'eau commune ; on l'y laiffera jufqu'à ce que la membrane qui lui fert d'enveloppe, foit foulevée par l'eau introduite dans le tiffu cellulaire qui l'attache aux parties qui font au-deffous. On féparera alors la membrane, & on remettra encore la partie dans l'eau, jufqu'à ce que les fibres qui lient entre eux les petits vaifleaux, foient diffous ; c'eft ce qu'on connoîtra en agitant de tems à autre, dans l'eau la partie préparée dont il fe détachera des parcelles corrompues, & on verra en effet les vaifleaux diftincts, & flotans dans l'eau. On ôtera alors la partie ainfi préparée de l'eau ; & l'ayant preffée doucement pour en exprimer ce qu'il y refte d'humidité, on la lavera dans un peu de liqueurs dans laquelle on fe propofe de la conferver, pour la mettre tout de suite dans un vaisseau plein de la même liqueur, où on la suspendra par le moyen d'un fil, ou d'un cheveu, afin que la partie s'étende, & que les petits vaisseaux se séparent les uns des autres.

Lorsque c'est quelque membrane fine, telle que la plévre ou le péritoine, qu'on veut conserver seule, pour en démontrer les artéres par le moyen de l'injection; il faut, en les disséquant, conserver le plus qu'on pourra du tissu cellulaire qui les attache aux parties contigues, sans perdre la transparence de la membrane; car lorsque ce tissu cellulaire est entiérement séparé, on ne peut voir que quelques ramifications entiéres de vaisseaux; tout le reste n'est formé que par des extrémités d'artéres fort courtes, & il faut un microscope pour les voir.

Lorsqu'il y a un peu de graisse dans la membrane cellulaire, on peut laisser entiérement cette membrane, sans craindre qu'elle empêche d'observer les vaisseaux injectés. Lorsque les cellules font pleines de graisse, il faut l'exprimer par la pression autant qu'il est possible, après avoir

fait macérer la membrane pendant
long-tems, lors même que les membranes doivent être gardées dans une
liqueur ; elles s'y étendent mieux, &
on en voit mieux les vaiſſeaux, ſi on
les fait auparavant deſſécher. Poûr
cet effet, on doit les étendre ſur une
planche bien unie, ou mieux encore
les tenir étendues, après qu'on les a
ſoulevées de la planche, afin qu'elles
n'en retiennent aucune impreſſion
lorſqu'elles ſont ſéches ; on coupe
avec les ciſeaux les bords qui ſe
trouvent épais, & les autres iné-
galités.

Ruysch décrit la maniére de ſéparer de la peau l'*épiderme* & le *corps
muqueux* ou *réticulaire* ; il veut qu'on
étende ſur une planche ces tégumens
communs, bien dépouillés du *corps
graiſſeux*, & qu'on mette l'épiderme
en dehors ; qu'on plonge enſuite le
tout dans l'eau bouillante, laquelle
détache la *cuticule* & le *corps muqueux*
de la peau, de maniére qu'on peut
les en ſéparer facilement, par le
moyen d'un ſcapel émouſſé, ou avec
le manche mince d'yvoire d'un pareil
inſtrument. Enſuite avec le même
inſtrument, il ſépare le *corps réticulai-*

re d'avec l'*épiderme*, & laisse ces deux
parties attachées ensemble, & avec
la peau en quelques endroits. On peut
alors, si on veut, les mettre dans
la liqueur propre à les conserver.
Lorsqu'il arrive que le *corps réticulaire*
ne prend pas une consistence un peu
ferme, par le moyen de l'eau chaude, ou qu'il est naturellement fort
mince, il n'est pas possible d'en détacher une grande étendue, d'avec
l'*épiderme*.

L'épiderme entier de la main ou
du pied avec les ongles, appellé par
les Anatomistes *chirotheca* ou *podotheca*,
s'enleve sans beaucoup de peine,
lorsque la *cuticule* s'est détachée par
le moyen de la putréfaction, d'avec
les parties qui sont au-dessous ; ce
qui arrive quand on garde long-tems
un sujet. Cette méthode réussit mieux
que celle de l'eau bouillante, par le
moyen de laquelle on entreprend de
détacher l'*épiderme* de la peau, ce
qui l'attendrit beaucoup.

On ne peut conserver la *membrane*
cellulaire distendue en y introduisant
de l'air, que quand il n'y a point
ou presque point de graisse. Le *scro-*
tum est une des parties les plus pro-

pres pour cette préparation , ou ce
qu'on appelle communément le *dar-*
tos. Le dartos peut , en y introduisant de l'air , être entiérement changé en une membrane cellulaire très-
fine ; & *Charles* ETIENNE a très-ju-
dicieusement observé que la substance cellulaire répandue partout sous
la peau , avoit l'apparence d'une
substance musculeuse , lorsqu'elle ne
contenoit aucune graisse.

Pour conserver la *dure mere* & tous
ses prolongemens dans leur situation
naturelle , il faut scier le crâne per-
pendiculairement , depuis la racine
du nez , jusqu'au milieu de l'os occipital , à un demi pouce de distance
de la suture sagittale , & le scier ensuite horisontalement d'un côté , à
trois ou quatre lignes environ au-
dessus des sourcils , pour enlever cette portion du crâne , comprise entre
ces deux incisions. Cela fait , coupez
dans le même sens la *portion* de la
dure-mere qui est à découvert , &
enlevez le cerveau & le cervelet pour
conserver ensuite la tête dans une liqueur convenable , ou bien en nettoyer extérieurement les os & les laisser à l'air pour les faire sécher , ob-

servant de tenir les parties coupées étendues par le moyen d'épingles, de petits crochets, de fils, *&c.*

Si on a dessein de faire ainsi dessécher la *tête* d'un fœtus, ou d'un jeune sujet, il faut avoir la précaution, par le moyen de plusieurs petits bâtons d'une longueur convenable, de tenir distendues les *membranes ligamenteuses* qui se trouvent entre les os, & de placer ces bâtons de maniere qu'étant mis dans la cavité du crâne, ils soient appuyés sur les os, & qu'ils le poussent en dehors.

Les *prolongemens* de la pie-mere qui sont placés dans les interstices des circonvolutions du crâne, peuvent être facilement séparés en entier avec la *pie-mere*, lorsque cette membrane se trouve épaissie contre nature, par les maladies, comme il arrive assez souvent. On peut même dans l'état naturel séparer de grandes *pieces* de cette membrane avec ses *prolongemens*, après avoir fait macérer le cerveau dans l'eau commune. Aussi tôt qu'on a séparé quelque *morceau*, il faut en exprimer l'humidité, & la plonger dans la liqueur dans laquelle on doit la conserver. On aura soin de l'étendre par le moyen de quelques fils, ou de quelque rameau de plante.

Pour bien préparer & conserver l'*œil*, de maniere qu'on puisse en démontrer toutes les tuniques, les humeurs & les vaisseaux, il faut auparavant coaguler les humeurs *cristallines & vitrées*, en plongeant pendant quelque tems cet organe dans une liqueur propre à cet effet, dont il sera fait mention plus bas.

Après cette préparation, elles seront plus en état de supporter la macération, dans l'eau, pour séparer par ce moyen la *choroïde* & la *membrane* de RUYSCH.

Les *glandes sébacées* & les *conduits excréteurs* des paupiéres, sont beaucoup plus sensibles après une injection fine dans les artéres, & après que leurs liqueurs sont coagulées, que dans le sujet frais.

Le D. TREW a très-bien remarqué que la *membrane* qui revêt le conduit auditif, & qui forme la tunique externe de la membrane du tympan, peut être séparée entiére dans les adultes, en faisant macérer l'oreille dans l'eau, aussi bien qu'on la sépare dans le fœtus ou dans les enfans. En effet, la *membrane* du tympan ne paroît autre chose que cet épiderme de l'oreille uni par un tissu cellulaire fort mince à la *membrane* qui revêt le tympan, & dans l'entre-deux desquelles il rampe, comme dans toutes les autres parties du corps, de grosses branches de vaisseaux.

La *cuticule* qui revêt les papilles des lévres, & que RUYSCH appelle *épithelia*, peut s'enlever par la macération dans l'eau ; & alors la surface des lévres paroît mieux *villeuse*, lorsqu'on les met dans un vaisseau de verre avec de la liqueur propre à les conserver.

La *substance villeuse* de la langue peut être rendue sans peine entiérement rouge, en injectant les artéres, & on peut en séparer la membrane dont elle est revêtue, & qui répond à la cuticule en la trempant dans l'eau.

Si l'on compare les lévres, la langue, l'œsophage, l'estomac & les intestins entr'eux, la structure de ces parties paroît entiérement semblable, en ce qu'elles sont toutes revêtues de cette espèce de *cuticule* qui, atta-

chée à la partie charnue par le moyen
d'un tiſſu cellulaire , paroît ſous la
forme de *rides* ou de *valvules* dans les
endroits où elle ſe trouve épaiſſe &
lâchement attachée , ou bien ſe mon-
tre comme une *fine membrane* dans
ceux où elle eſt mince & tendue.

Pour préparer les *organes de la dé-
glutition*, il faut en diſſéquer nettement
tous les muſcles , qui ont leurs atta-
ches aux parties contigues , & les
détacher de ces parties. Il faut enſuite enlever la *langue*, l'*os hyoïde*, le *palais* & ſon *voile*, la *luette*, le *larynx*,
le *pharynx*, la *trachée artére*, l'*œſophage* & tous les *muſcles* de ces parties ,
détachés des parties voiſines, pour
les remettre tous dans leur ſituation
naturelle , & les y contenir par le
moyen de pluſieurs petits morceaux
de planche mince & de fil attaché
à des clous. Alors on·met un bouchon de liége à la partie inférieure
de la trachée artére ; on lie fortement ſur ce bouchon ce conduit &
l'œſophage avec une ficelle ; enſuite
on introduit du vif-argent par le goſier
ou par l'ouverture qui communiquoit
précédemment avec les narines, juſqu'à ce que l'œſophage, la *trachée arté-*

re , le *larynx* & le *pharynx* foient remplis. Il faut fufpendre ces parties dans cet état jufqu'à ce qu'elles aient acquis un peu de folidité pour en ôter le vif-argent avant qu'elles foient entiérement féches ; & les parties qui auroient été trop dilatées par le poids de ce fluide métallique , telle que la *glotte* & l'*efpace* qui fe trouve entre le larynx & la langue , doivent être rapprochées de l'état naturel à force de les preffer avec les doigts. A l'égard de celles qui fe rident trop en féchant , telles , par exemple , que la *luette* & l'*épiglotte* , on tâche de les contenir dans la forme la plus approchante de l'état naturel , en les tirant , & en les applatiffant de tems à autre avec les doigts , jufqu'à ce qu'elles foient entiérement deffé-chées.

Il faut , quand on fe propofe de garder ces vifcéres , les préparer d'une maniere particuliére pour en conferver la forme & en faire voir la ftructure du côté de la furface interne , & rendre fenfibles les vaiffeaux qui ont une cavité de la façon qu'il a été dit ci-devant , en parlant des vaiffeaux fanguins. Les propriétés que doit avoir la matiére par le moyen de laquelle on veut conſerver la forme , & faire voir la ſtructure du côté de la ſurface interne , ſont de pouvoir réſiſter à la contraction des fibres de ces viſcéres , d'en remplir également les cavités , & de les laiſſer nets , quand on voudra l'ôter. C'eſt pourquoi le coton , la laine , le ſable & autres matiéres ſemblables ne conviennent pas , mais plutôt le vif-argent , l'air , la cire fondue.

Il ne faut ſe ſervir de cette derniére matiére que quand on n'a d'autre deſſein que de voir la ſurface externe , auquel cas on en peut pouſſer dans la cavité des viſcéres ; mais dans tous les autres cas , il faut ſe ſervir de l'air ou du vif-argent. Lorſque l'air pourra ſuffire , il ſera préférable au vif-argent , parce qu'il diſtend d'une maniere uniforme , au lieu que le dernier peſe davantage ſur les parties inférieures. L'air deſſéche les viſcéres en une vingtiéme partie du tems qu'il faut au vif-argent pour cela. Il n'y laiſſe ni couleur , ni rien autre choſe , ce que fait toujours le vif-argent. Il eſt vrai auſſi que l'air ne

diſtend

distend pas suffisamment certaines
parties, qu'il est impossible de le re-
tenir, & qu'il y a telles parties à travers desquelles il s'échappe, & qu'il
laisse affaisser à mesure qu'elles se sé-
chent. Le vif-argent n'est pas sujet
aux mêmes inconvéniens.

Il est évident par tout ce qui vient
d'être dit, que l'air est nécessaire
ou qu'il est bien préférable au vif-argent pour faire des préparations séches de l'*œsophage*, de l'*estomac*, des
intestins, de la *vésicule du fiel* avec
les *conduits biliaires*, & de la *vessie*
avec les *uretéres*. D'un autre côté, il
est également visible que le *péricarde*
& la *matrice* ne peuvent conserver
leur forme naturelle, que par le
moyen du vif-argent.

Ce fluide métallique est encore préférable, lorsqu'il faut dessécher, &
distendre le *cœur* & ses vaisseaux sanguins, le *bassinet* du rein avec l'*uretére*,
parce que toutes ces petites parties
ont de petites ouvertures par lesquelles s'échappe l'air qui ne sauroit d'ailleurs résister à la forte contraction de
leurs fibres.

Les *corps caverneux* de la verge, &
les *vésicules séminales* retiennent égale-

Seconde Partie.   Q

ment l'air & le vif-argent ; mais ce
dernier laiſſe dans les corps caverneux quelque choſe de luiſant, qui
empêche qu'on ne puiſſe bien voir
leur ſtructure interne & leurs vaiſſeaux. On a auſſi quelque difficulté à
l'introduire dans les véſicules ſémi-
nales, parce qu'on ne ſauroit l'injecter par les ouvertures qui ſe trouvent
dans le canal de l'uréthre, vers le vé-
ru montanum ; & lorſqu'on le pouſſe
par un des vaiſſeaux déférens, l'humidité de ce conduit qui eſt étroit,
eſt propre à l'arrêter dans ſon paſſage. D'ailleurs, ſuppoſé qu'on vienne à bout de l'introduire dans ce
vaiſſeau , il forcera par ſon poids
l'ouverture du petit conduit commun
aux vaiſſeaux déférens & à la véſicule ſéminale , apellé *conduit éjaculateur*,
de ſorte qu'il ne paſſera pas dans la
véſicule ſéminale qu'il n'ait avant
rempli la cavité de l'uréthre ; au lieu
que la contraction naturelle de l'extrémité du conduit éjaculateur, s'op-
poſe à la ſortie de l'air, lorſqu'on l'y
ſouſle doucement , de maniere qu'il
paſſe alors plus librement dans le tiſſu cellulaire de la véſicule ſéminale.
Il réſulte de toutes ces raiſons que

lorsqu'on veut préparer les corps caverneux & les vésicules séminales, l'air est préférable au vif-argent.

On rencontre rarement des sujets dont les *poumons* & la *rate* retiennent l'air. L'air s'échappe ordinairement lorsqu'on l'introduit dans le tissu spongieux du *gland*; c'est pourquoi on est communément obligé de se servir de vif-argent pour la préparation de ces parties. Cependant ce métal les gâte presque toujours, & surtout les *poumons* & le *gland*, dont les cellules sont font plus petites que celles de la rate.

Etant déterminé par les régles précédentes sur le choix de l'un ou l'autre de ces deux fluides, il faut exprimer tout le sang de la partie qu'on se propose de préparer, & en lier ensuite toutes les ouvertures, excepté celle par laquelle on doit introduire le fluide nécessaire pour la distendre; & si on en découvre quelqu'une par laquelle l'air ou le vif-argent s'échappe dans le tems qu'on pousse l'un ou l'autre dans la partie, on y fait une ligature.

Il faut que l'ouverture qu'on choisit pour introduire l'air ou le vif-argent, foit telle que l'un ou l'autre de ces fluides puiffe couler fans peine dans la cavité qu'on veut remplir, & qu'elle puiffe enfuite être aifément fermée.

Ce qui a été dit au fujet des organes de la déglution, fera facilement connoître de quelle maniere il faut s'y prendre pour remplir le *péricarde* & la *matrice*.

Perfonne n'ignore comment il faut fouffler le *conduit* par où paffent les alimens, la *véficule du fiel* & la *veffie*.

On pouffe les liqueurs dans le *cœur* & dans les *groffes artéres* par la veine cave fupérieure, ou par quelqu'une des branches de la veine pulmonaire.

C'eft par la trachée artére qu'on introduit le fluide néceffaire pour diftendre les *poumons*.

Le *rein* fe remplit par l'uretére ; la *capfule atrabilaire* & les *corps caverneux* de la verge, par les veines de la rate.

Il faut toujours fe fervir d'un tuyau lorfqu'on veut pouffer de l'air dans quelques parties. Le meilleur à cet ufage, eft celui à la petite extrémité duquel il y a une entailleure, & un robinet un peu au-deſſus. V. *Plan-che* 1re.

Il faut introduire le petit bout du tuyau dans un conduit propre à le recevoir, & lier ce conduit ſur le tuyau, avec un fil ciré, qui doit entrer dans l'entailleure. Dès qu'on s'apperçoit que le viſcére eſt ſuffiſam-ment diſtendu, on tourne le robi-net pour empêcher que l'air n'en ſorte; s'il vient à s'en échaper quel-que peu, on y ſupplée facilement en ſoufflant dans le tuyau qui doit être ſoutenu par quelque corde ou quelque planche, afin d'empêcher qu'il ne preſſe ou ne tiraille la par-tie préparée dans le tems qu'elle ſé-che.

Si l'Anatomiſte n'a d'autres tuyaux que les tuyaux à ſouffler, ordinaires, il faut paſſer un nœud coulant ſur le vaiſſeau par lequel on introduit l'air, au-deſſous de l'extrémité du tuyau ; & l'ayant ſerré autant qu'il convient pour laiſſer paſſer l'air, il faut dans le tems qu'on ſouffle, qu'un aſſiſtant tienne les deux bouts du fil ; & quand le viſcére eſt ſuffiſamment diſtendu, on fait ſigne à l'aſſiſtant de ſerrer le fil ; enſuite ayant retiré le tuyau, on

fait un double nœud , & on ſuſpend
la partie ainſi diſtendue.

Lorſqu'on ſe ſert du mercure , il
faut que l'ouverture par laquelle on
l'introduit ſoit plus élevée qu'aucune partie de la préparation ; & lorſque cette ouverture eſt petite, il faut
y ajuſter un petit tuyau ou un entonnoir de verre. Ce tuyau doit être
long , dans les cas où on ne ſauroit
avoir une colonne de mercure aſſez
haute, pour que le poids le faſſe pénétrer juſques dans les plus petits
vaiſſeaux. Si la partie préparée le
permet , il faut lier fortement le canal par lequel on a introduit le vif-
argent , avant que d'y en verſer une
goutte. Il faut que l'ouverture par
laquelle on le fera entrer , ſoit
aſſurée de maniere qu'elle ſe trouve toujours en haut , pendant
tout le tems que la préparation ſera
à ſécher.

Quand on a une grande quantité
de vif-argent à introduire dans une
partie dont la ſtructure eſt délicate,
il faut non-ſeulement ſuſpendre cette
partie par la partie ſupérieure avec des
fils & des crochets ; mais il eſt encore néceſſaire de la ſoutenir en deſ-

fous avec un petit filet, & de la placer
au-deſſus de quelque vaiſſeau propre
à recevoir le mercure au cas qu'il
vienne à couler.

Les régles qu'on vient de donner,
ſerviront pour la plûpart des viſcéres. Cependant les *poumons* & la *rate*
dont les membranes retiennent difficilement l'air ou le vif-argent, &
ſurtout le premier, demandent plus
de ſoin. Il ne faut pas prendre ces
viſcéres indifféremment dans toute
ſorte de ſujet ; on doit toujours choi-
ſir ceux dont les *membranes* extérieures ſont *fermes & épaiſſes*. Dès qu'on
les a ſoufflés, il faut les expoſer au
ſoleil, ou les tenir auprès du feu,
afin de les faire ſécher promptement,
& introduire de tems à autre de nouvel air, pour ſuppléer à celui qu'ils
perdent.

Lorſque la ſurface externe ſera ſé-
che, on les trempera dans un fort
vernis de thérébentine, de maniere
que toute leur ſurface en ſoit couverte, parce qu'après cette préparation l'air s'en échapera bien plus difficilement. On continuera à les expoſer dans un endroit où ils puiſſent ſécher le plus promptement qu'il ſe

pourra, en obſervant de paſſer du vernis avec une plume aux endroits où il en manquera, & de continuer à y pouſſer de nouvel air, à meſure qu'ils s'affaiſeront.

Lorſqu'on eſt parvenu à avoir la *rate humaine* diſtendue par le moyen du vif-argent, ou de l'air, juſqu'à ce qu'elle ſoit deſſéchée, elle paroît entiérement formée de cellules qui communiquent les unes avec les autres ; & ſur les parois deſquelles on voit un grand nombre de *ramifications d'artéres*, ſi on les a auparavant injectées.

Si on coupe les poumons préparés ſelon cette méthode, on obſervera que leurs *cellules* ne ſont ni ſphériques, ni d'aucune autre figure, dont la ſection tranſverſale ſoit circulaire ; mais qu'elles ſont *polygones*, & forment en général des *quarrés irréguliers* & des *pyntagones*. En effet, on peut conclure *à priori*, que c'eſt là la figure que doivent avoir les cellules des poumons dans l'animal vivant ; car ſi on fait attention que la membrane externe eſt d'un tiſſu plus fort que celui de la membrane qui forme les véſicules, on verra que cette
membrane

membrane externe ne pouvant prêter
autant que les véscules pourroient
s'étendre, celles-ci doivent être comprimées & fortement preffées les unes
contre les autres, & perdre par-là
leur forme fphérique, qui doit fe
changer en une figure qui aura autant de côtés & d'angles qu'il y a de
véficules autour. Le thorax dans l'a-
nimal vivant ne permet pas aux poumons de fe dilater autant que leur
tunique externe pourroit s'étendre,
comme il paroît par le fifflement qui
accompagne les plaies de la poitrine, ou lorfqu'on fouffle dans la
trachée artére, après avoir enlevé
le fternum d'un animal ; d'où il
fuit que les véficules des poumons
doivent être plus comprimées & par
conféquent plus rétrécies, dans le
tems de la refpiration, que lorfqu'on
les diftend en y introduifant de l'air,
après avoir tiré ce vifcére hors de la
poitrine.

Ces confidérations & la figure po-
lygone qu'on découvre fi facilement
aux cellules des poumons fimples des
ferpens, des grenouilles, *&c.* rend
fingulier le fentiment de ceux qui fe
font imaginé que les véficules des

poumons plus compofés , étoient de
figure fphérique , ou de toute autre
figure , dont la fection tranfverfale
étoit circulaire.

Pour conferver les parties préparées , il faut les expofer à l'air jufqu'à ce que toute leur humidité foit
diffipée ; & alors elles deviennent
féches , dures , & ne font plus expo-
fées à fe corrompre , ou bien il faut
les plonger dans quelque liqueur propre à les confetver.

Outre ce qui a déja été dit touchant la maniere de faire fécher les
préparations anatomiques , il faut encore principalement , lorfque les
parties préparées font groffes & épaif-
fes , & que le tems eft chaud , empêcher les mouches d'en approcher ,
& d'y dépofer leurs œufs , qui tranf-
formés en vers , les détruiroient. Il
faut auffi avoir foin d'empêcher qu'elles ne foient attaquées des fouris ,
des rats & des autres infectes. Pour
cela , il faut avant que de mettre la
piéce fécher , la tremper dans une
diffolution de fublimé corrofif faite
avec de l'efprit de vin , & dans le tems
qu'elle féche , il faut la mouiller de

tems en tems avec la même liqueur.
On peut par ce moyen & sans craindre aucun inconvénient, faire deffé-
cher, même pendant l'été, des cadavres disséqués de sujets affez grands.

Lorsque la préparation est séche,
elle est encore exposée à se réduire
en poudre, à devenir cassante, à se
gercer, & à avoir une surface inega-
le; c'est pourquoi il est nécessaire de
la couvrir partout d'un vernis épais,
dont on mettra autant de couches
qu'il faudra pour être luisante. Il faut
toujours la préserver de la poussiére
& de l'humidité.

Les préparations séches font fort
utiles en plusieurs cas; mais il y en
a aussi beaucoup d'autres où il est
nécessaire que les préparations anatomiques soient flexibles & plus approchantes de l'état naturel que ne
le font ces premieres.

La difficulté a été jusqu'à présent
de trouver une liqueur qui puisse les
conserver dans cet état approchant
du naturel. Les liqueurs aqueuses
n'empêchent pas la pourriture, & elles dissolvent les parties les plus dures du corps. Les liqueurs acides pré-

viennent la corruption ; mais elles réduifent les parties en mucilage ; les efprits ardens les racorniffent , en changent la couleur , & détruifent la couleur rouge des vaiffeaux injeétés. L'efprit de thérébentine , outre qu'il a l'inconvénient des liqueurs fpiritueufes , a encore celui de devenir épais & vifqueux.

Mais fans s'arrêter plus long-tems fur les défauts des liqueurs qu'on peut employer , celle dont on fe trouve mieux , eft quelqu'efprit ardent rectifié , (n'importe qu'il foit tiré du vin ou des grains) qui eft toujours lympide , qui n'a aucune couleur jaune , & auquel on ajoute une petite quantité d'acide minéral , tel que celui du vitriol ou du nitre. L'une & l'autre de ces liqueurs réfiftent à la pourriture , & les défauts qu'elles ont chacune féparément fe trouvent corrigés par leur mélange.

Lorfque ces deux liquides font mêlés , dans la proportion requife , la liqueur qui en réfulte , ne change rien à la couleur , ni à la confiftence des parties , excepté celles où il fe trouve des liqueurs féreufes & vifqueufes, auxquelles elle donne prefque autant de confiftence que l'eau bouillante. Le cerveau, celui-même des enfans nouveaux nés, acquiert tant dè fermeté dans cette liqueur, qu'on peut le manier avec liberté.

Le criftallin & l'humeur vitrée de l'œil y acquiérent auffi plus de confiftence ; mais ils en fortent blancs & opaques. Elle coagule l'humeur que filtrent les glandes fébacées, la mucofité & la liqueur fpermatique. Elle ne produit aucun changement fur les liqueurs aqueufes ou lymphatiques, comme l'humeur aqueufe de l'œil, la férofité lymphatique du péricarde & de l'amnios. Elle augmente la couleur rouge des injeâions, de maniere que les vaiffeaux qui ne paroiffent pas d'abord, deviennent très-fenfibles, lorfque la partie y a été plongée pendant quelque tems.

Si on compare ces effets avec ce que RUISCH a dit en différens endroits de fes ouvrages au fujet de fes préparations, on trouvera que la liqueur qui vient d'être décrite, approche beaucoup pour les propriétés de fa liqueur balfamique : c'eft ainſi qu'il nomme celle dont il ſe ſert pour les prépararions humides.

La quantité de liqueur acide qu'il faut ajouter à l'eſprit ardent , doit varier ſelon la nature de la partie qu'on veut conſerver , & ſelon l'intention de l'Anatomiſte. Si on veut donner de la conſiſtence aux vaiſſeaux , aux humeurs de l'œil, *&c.* il faut une plus grande quantité de la liqueur acide ; par exemple , il faudra deux gros d'eſprit de nitre ſur une livre d'eſprit de vin rectifié. Lorſqu'on veut ſeulement conſerver les parties , il ſuffira d'y en mettre trente ou quarante gouttes , ou même moins , ſurtout s'il y a des os dans la partie préparée. Si on en mettoit une trop grande quantité , les os deviendroient d'abord flexibles, & enſuite ils ſe diſſoudroient.

Lorſqu'ou a plongé quelque partie dans cette liqueur , il faut avoir une attention particuliére qu'elle en ſoit toujours couverte , autrement ce qui ſe trouve hors du fluide perd ſa couleur , & certaines parties ſe durciſſent tandis que d'autres ſe diſſolvent. Pour prévenir donc autant qu'il eſt possible l'évaporation de la liqueur, & pour empêcher la communication de l'air, qui fait que la liqueur spiritueuse se charge d'une teinture, il faut boucher exactement l'ouverture de la bouteille avec un bouchon de verre ou de liége enduit de cire, & mettre par - dessus une feuille de plomb, de la vessie, ou une membrane injectée. Par ce moyen la liqueur se conservera un tems considérable sans aucune diminution sensible.

Quand on a mis assez de liqueur pour atteindre à peu près le haut de la préparation, il faut pour la couvrir entiérement, ajouter de l'esprit de vin sans acide, de peur que ce dernier ne s'échape.

Lorsque la liqueur spiritueuse devient trop colorée, il faut la verser, & mettre sur les préparations une nouvelle liqueur moins chargée d'acides que la premiere. On conservera cette ancienne liqueur dans une bouteille bien bouchée, & on s'en servira pour laver les préparations nouvelles, & pour les dépouiller de leur suc naturel; attention toujours néceſſaire , avant que de mettre quelque partie que ce ſoit dans la liqueur balſamique.

Toutes les fois qu'on renouvelle la liqueur , il faut laver les préparations dans une petite quantité de liqueur ſpiritueuſe lympide , afin d'en enlever tout ce qui pourroit y reſter de la liqueur ancienne & colorée; ou bien il faut faire une nouvelle préparation. Les liqueurs qui ne ſont plus propres à ſervir dans des vaiſſeaux de verre tranſparent , & qui néanmoins peuvent être encore d'uſage pour conſerver dans des vaiſſeaux de terre ou de verre commun , certaines parties qu'il faut tirer hors de la liqueur pour les préparer.

Il eſt bon d'obſerver ici , que les vaiſſeaux de verre dans leſquels on doit démontrer les préparations , doivent être d'un verre épais & le plus tranſparent qu'il eſt poſſible , parce que ces vaiſſeaux laiſſent voir les parties d'une maniere plus diſtincte , ſans rien changer à leur couleur, & groſſiſſent en même tems les objets , de ſorte qu'on découvre par leur moyen des parties qu'on n'ap-

perçoit pas par les yeux nuds, lorfqu'elles font hors du vaiſſeau. Puis
donc que le verre & la liqueur ont
un certain foyer dans lequel les objets font vûs plus diſtinctement, il
fera à propos de trouver quelque ex-
pédient pour tenir la partie préparée
à une diſtance convenable des parois
du verre, ce qu'on peut faire en
mettant dans le vaiſſeau quelque petite tige branchue de plante, ou un
petit bâton, ou en attachant le fil
ou le cheveu qui foutient la préparation à un des côtés du vaiſſeau.

Quiconque s'adonne à l'exercice
de l'Anatomie, trouvera aiſément de
femblables moyens pour tenir les parties étendues, & pour les faire voir
dans le point de vuë le plus favo-
rable.

Il eſt bon d'être inſtruit, qu'il faut
éviter autant que cela fe peut, de
tremper les doigts dans cette liqueur,
ou de manier les préparations qui
en feront bien empreignées, parce
qu'elle rend la peau fi rude pendant
quelque tems, que les doigts en deviennent incapables d'aucune diſſec-
tion fine. Ce qu'il y a de meilleur

pour remédier à cette sécheresse de la peau, est de laver les mains dans de l'eau à laquelle on aura ajouté quelques gouttes d'huile de tartre par défaillance.

LIVRE TROISIE'ME.

*De la maniere d'ouvrir & d'embaumer
les Cadavres.*

CHAPITRE PREMIER.

De l'Ouverture des Cadavres.

DIfférens cas exigent qu'on ouvre les Cadavres. Notre dessein n'est pas d'en faire ici l'énumération. Nous ne voulons qu'indiquer la maniere dont on doit pratiquer ces ouvertures.

Nous ne pouvons cependant ne pas observer, qu'on n'ouvre pas assez fréquemment les Cadavres ; que les recherches que l'on fait dans ces sortes d'ouvertures sont ordinairement trop grossiéres, & que conséquemment les instructions qu'on en retire se réduisent à très peu de choses. Aussi est-il arrivé de-là que depuis qu'on nous a communiqué un nombre presque infini d'observations faites à l'ouverture des Cadavres , un grand nombre nous ont inftruit de chofes extraordinaires, mais très-peu ont véritablement enrichi l'art de guérir.

Toute la pratique de l'ouverture des Cadavres fe réduit à ceci.

1°. A être inftruit de ce qu'on doit fai-re avant

2°. De ce qu'on doit faire pendant   cette opération.

3°. De ce qu'on doit faire après

§. I.

Des Préparatifs qu'exige l'ouverture des Cadavres.

Celui qui doit faire l'ouverture du Cadavre , doit être muni , 1°. de tous les inftrumens néceffaires à cette opération , de *fcalpels* , de *cifeaux*, de *pinces* , d'*hérignes* , de *tubes* , de *fcies* , d'*aiguilles* , de *fil* , d'*éponges* , de *fon* ou de *tan* , & autres que nous avons indiqués. Voyez les *Planches* 1. 2. 4.

2°. Il ne fuffit pas qu'il foit inftruit de la figure, de la situation, des connexions, de la couleur & autres qualités naturelles des parties dont il se propose l'examen ; de la maniere de les séparer toutes les unes des autres, sans les altérer avant que de les avoir examinées ; mais il doit encore connoître leur structure la plus intime & ce qu'elles ont de particulier, autant que nos sens ont pû jusqu'à présent le découvrir, afin de pouvoir non-seulement trouver le foyer de la maladie, développer la maniere dont chaque partie a été affectée, mais encore les affections des autres parties, à l'occasion desquelles il s'est présenté tel & tel symptome pendant la maladie : telles sont, par exemple, les nerfs, les artéres, les veines & autres vaisseaux, dont les différentes communications, les différentes unions peuvent faire découvrir la maniere dont se font produits différens symptomes que l'on attribue d'ordinaire à la sympathie mutuelle de ces parties : telles sont encore les membranes, les muscles, &c. Dans combien d'endroits les artéres ne poussent-elles point de petits rameaux qui entourent en forme d'anneaux les troncs d'où ils partent, ou d'autres artéres qui leur font voifines, les veines, les nerfs, les différens paquets de fibres mufculaires & ces fibres mêmes ? Dans combien d'endroits les veines & les nerfs ne forment-ils pas de femblables anneaux qu'on peut regarder comme autant de fphincters capables de ferrer plus ou moins les parties qu'ils environnent, fuivant la plus ou moins grande quantité du fluide dont ils font chargés ? En un mot, quelle peut être l'utilité des recherches les plus fcrupuleufes des modernes, tant fur la diftribution des plus petits vaiffeaux que fur la ftructure des différentes parties, fi on ne s'affure par l'ouverture des Cadavres de la maniere dont toutes ces parties ont été affectées ? Qui peut affurer qu'une fois qu'on feroit fûr que telle obftruction, que telle inflammation eft produite par le refferrement de tel & tel fpincter, on ne pût médiatement ou immédiatetement trouver des moyens de le relâcher ? Qui ofera nier qu'on n'ait des moyens pour arriver à cette connoiffance ? C'en eft affez, le détail qu'exigeroient de pareilles questions nous entraîneroit trop loin.

3o. Il seroit à propos, avant de faire l'ouverture du Cadavre, qu'on sût l'histoire complette de la maladie, afin d'indiquer à celui qui l'a fait les endroits principaux où se trouvent les parties qu'on doit examiner avec le plus d'attention, de ne s'en point imposer à soi-même ni aux autres; de reconnoître, s'il est possible, les erreurs dans lesquelles on est tombé pendant le traitement de la maladie. Se tromper, n'est pas toujours un vice; mais il n'est guéres de plus grande vertu que de reconnoître ses erreurs.

4o. De tout ce qui est nécessaire pour le Cadavre, pour le nettoyer, l'envelopper, &c. après qu'on en aura fait l'ouverture.

5°. On doit avoir au moins une idée grossiére des différentes choses remarquables qui se sont présentées à l'ouverture des Cadavres, afin d'ètre toujours sur ses gardes, & de la faire avec attention pour découvrir, s'il est possible, les dérangemens qui ont pû occasionner la mort. En effet, il est fort souvent arrivé qu'un grand nombre d'ouvertures de Cadavres ont été peu avantageufes, faute d'y avoir apporté tous les foins. Rien ne feroit donc plus utile qu'une collection complette de toutes les obfervations qu'on a faites jufqu'à préfent dans ces fortes d'ouvertures , afin qu'on pût voir d'un feul coup d'œil leur rapport , celui qu'elles ont avec la maladie , *&c.*

Nous donnons ici quelques notes des altérations les plus remarquables qui foient arrivées à différentes parties.

Il ne faut que lire les Ecrits des différens Auteurs qui nous ont communiqué des obfervations fur les ouvertures des Cadavres , pour y apprendre combien de chofes rares & extraordinaires s'y font préfentées.

On a vû le crâne rempli de tumeurs (a) ; on a trouvé des os entre la dure-mere & la pie-mere (b). On a obfervé une offification particuliére entre ces deux meninges , qui caufa la perte de la mémoire & l'épilep-

(a) Mém. de l'Acad. des Sc. t. 2. p. 25.
(b) Id. p. 244.

fie,

sie (a). On a découvert une exostose ou une excroissance osséo-spongieuse du crâne (b); une pierre formée d'une matiére épaisse, visqueuse & renfermée dans une membrane très-forte, située vers la suture lamboïde & sagittale *; une hydropisie des meninges du cerveau (c); une migraine causée par une hydropisie des ventricules du cerveau (d); une mort causée par une inflammation & une suppuration du cerveau à la suite d'un coup (e); la substance du cerveau en grande partie consommée à la suite d'un abcès (f).

On a trouvé différentes ossifications de la dure-mere (g); la pie-mere calleuse qui causa une manie (h); un abcès du cervelet, accompagné de la rupture du sinus la-

(a) Id. ann. 1711. p. 28.
(b) Act. phy. med. t. 2. p. 222.
(c) Id. t. 4. p. 532.
(d) Id. t. 2. p. 83.
(e) Id. t. 6. p. 435.
(f) Id. t. 8. p. 92.
(g) Mém. de la Soc. d'Edimb. t. 2. p. 388.
(h) Id. t. 4. p. 520.
* Hildanus Obs. I. Cent. V.

Seconde Partie. S

téral (a) ; un abcès de l'épine (b) ; une rupture du plexus choroïde , & une compreſſion conſidérable du cerveau à la ſuite d'une couche (c) ; les os du crâne cariés en quatre endroits , quoiqu'il n'en parût pendant la vie aucun veſtige (d) ; une paralyſie cauſée par une ſéchereſſe inſolite de la moëlle épiniere (e) ; des parotides ulcérées & des tumeurs ſemblables qui s'étendoient le long du col juſqu'à la clavicule (f) ; des os du crâne cariés & devenus ſpongieux (g); une oſſification de la dure-mere & une autre diſpoſition contre nature (h) ; un ſphacel de l'un des hémiſphéres du cerveau dans lequel on trouva une pierre (i). On a vû une manie cauſée par une calloſité de la pie-mere (k) ; une oſſification de la

---

(a) Id. t. 6. p. 174.
(b) Act. phyſ. méd. t. 1. 166.
(c) Id. p. 548.
(d) Id. p. 50.
(e) Id p. 234.
) f) Id. p. 241.
(g) Id. t. 6. p. 206.
(h) Id. t. 2. p. 388.
(i) Abr. des Tranſ. Phyſ. t. 3. p. 27.
(k) Eſſ. de la Soc. d'Edimb. t. 2. p. 406.

faulx (a); un os trouvé derriere le larynx (b); un polype dans l'œsophage, semblable à un ver, causé par un trop fréquent usage du tabac d'Espagne (c); une tumeur dans l'œsophage, laquelle empêchoit presque entiérement d'avaler (d).

On a observé dans différentes ouvertures de la poitrine une oreillette du cœur extrêmement dilatée (e); un péricarde étroitement uni à toute la surface du cœur (f); une artére pulmonaire remplie de grains pierreux qui causoient des palpitations fréquentes, *&c.* (g); un polype d'une grandeur extraordinaire dans une oreillette du cœur d'un garçon de 13. ans (h); un cœur *sans péricarde* dans une femme (i); un os dans le cœur (k); une pierre dans une glan-

<hr>

(a) Miscel. Cur. Dec. 2. an. 1. p. 320.
(b) Id. an. 2. p. 275.
(c) Act. Lypf. an. 1715. p. 456.
(d) Abrég. des Transf. Phyl. t. 3. p. 27.
(e) Mém. de l'Acad. t. 2. p. 337. & suiv.
(f) Id. 1701. p. 54. 1706. p. 22.
(g) Id. 1707. p. 26.
(h) Id. 1705. p. 52.
(i) Id. 1718. p. 31.
(k) Id. 1726. p. 24.

de bronchiale (a) ; une hydropifie
des poumons (.b) ; un abcès enchifté
dans le thorax d'un Pthyfique (c) ;
un péricarde cartilagineux uni avec
le cœur, dans un Cadavre hydropi-
que (d) ; un cœur entiérement fup-
puré (e) ; une mort caufée à la fuite
d'un polype confidérable du cœur
(f) ; le cœur , le médiaftin & le péricarde unis enfemble en une feule
maffe membraneufe (g) ; une maladie de l'œfophage qui empêchoit
les alimens de paffer dans l'eftomac * ;
une adhérence univerfelle des poumons aux côtes , la refpiration étant
néanmoins libre (h) ; un ver dans
la poitrine & attaché au cœur (i) ;
un ulcére des poumons qui avoit
percé le diaphragme , & qui s'éten-

(a) Phil. Méd. t. 1. p. 403.
(b) Id. p. 468.
(c) Id. t. 2. p. 46.
(d) Id. p. 48.
(e) Id. p. 51.
(f) Id. p. 98.
(g) Id. p. 227.
* Id. p. 269.
(h) Id. t. 7. p. 51.
(i) Id. p. 53.

doit jufques dans le foie (a) ; une
grande tumeur ftéatomateufe qui ac-
compagnoit l'œfophage au travers de
la poitrine (b) ; une extravafafion
de fang dans le péricarde (c) ; un
ulcére des poumons avec épanchement d'eau dans la poitrine (d); un
abcès dans le principe de l'aorte & le
trou oval qui n'étoit point entiérement fermé (e) ; une corruption fur-
prenante de l'aorte & de l'épine du
dos (f) ; un conduit confidérable de
l'appendice glanduleufe fituée fur le
cartilage thyroïde (g) ; un péricarde
extraordinaire (h).

Le bas-ventre eft une des cavités où il fe foit préfenté un plus
grand nombre de ces fingularités ;
auffi renferme-t-il un plus grand nombre d'organes.

On a vû un trou à l'orifice infé-.

(a) Mém. de la Soc. d'Edimb. t. 1. p. 249.
(b) Id. t. 3. p. 433.
(c) T. 6. p. 182.
(d) Id. p. 191.
(e) Comm. Acad. Sci. Petr. t. 4. p. 263.
& fuiv.
(f) Id. t. 6. p. 302.
(g) Id. t. 7. p. 216.
(h) Abr. des Tranf. Phyl. t. 3. p. 69.

rieur de l'eſtomac (a) ; une pierre aſſez groſſe dans les inteſtins d'une femme (b) ; vingt-deux pierres dans une extenſion des membranes du duodénum d'une Dame de 80. ans (c) ; des pierres dans les parois de la veſſie (d) ; un grand nombre de pierres dans la véſicule du fiel d'une femme (e) ; une pierre dans le ventre d'un Cadavre, ſans adhérence à aucune partie (f) ; une groſſeur énorme du ventre d'une Religieuſe, cauſée par des veſſies pleines de différens corps charnus, ſavoneux, pierreux, *&c.* (g) ; une rate d'homme pétrifiée (h) ; une rate d'homme oſſifiée (i) ; une pierre aſſez groſſe dans le rein d'un homme (k) ; un lobe du foie qui s'étant prolongé couvroit une partie de la rate à la-

---

(a) Mém. de l'Acad. 1704. p. 27. & ſuiv.
(b) 1704. p. 24.
(c) Id. 1710. & ſuiv.
(d) Id. 1702. p. 22.
(e) Id. 1703. p. 36.
(f) 1703. p. 38.
(g) Id. 1710. p. 32. & ſuiv.
(h) Id. 1700. p. 39.
(i) Id.
(k) Id. 1730. p. 41.

quelle il étoit attaché (a); un rein unique trouvé dans le corps d'un homme
(b); un abcès de l'épiploon (c);
une concrétion des viscéres (d); la
rate, l'estomac & l'épiploon unis &
formant ensemble une tumeur (e);
une grande quantité d'hydatides dans
un foie obstrué (f); une exulcération mortelle de la vessie, & une
monstrueuse distension des uretéres,
sans aucun vestige de pierre (g); des
pierres dans l'estomac (h); une appendice préternaturelle aveugle dans
l'intestin iléum (i); un abcès & une
hydropisie de l'ovaire droit (k); un
abcès du mésentére (l); une mort
causée par la suppression d'urine, à
la suite d'une tumeur glandi-forme

(a) Id. 1723. p. 23.
(b) Id. 1730. p. 39.
(c) Act. Phys. Méd. t. 4. p. 35.
(d) Id. p. 565.
(e) Id. t. 3. p. 221.
(f) Id. t. 3. p. 377.
(g) Id. t. 3. p. 381.
(h) Act. Phys. Méd. t. 1. p. 117.
(i) Id. p. 156.
(k) Id. p. 161.
(l) Id. p. 167.

dans les proſtates (a) ; des vers dans l'abdomen , qui avoient percés les inteſtins (b) ; une pierre de la groſſeur d'une noix dans la véſicule du fiel , accompagné d'une dilatation conſidérable du canal choíédoque (c) ; une femme morte de fiévre étique , à la ſuite d'une exulcération du rein droit , accompagnée d'une tumeur glanduleuſe d'une groſſeur conſidérable , adhérente à l'uretére, laquelle avoit ſupprimé l'urine pendant huit ſemaines (d) ; une corruption du pancréas & du foie dans un homme gras (e). TICOBRAHE' mourut à la ſuite de la rupture de la veſſie. WEDELIUS nous apprend que JUDAS eſt mort d'une rupture des inteſtins , & que l'hérétique ARIUS eut le même ſort. On a vû un ſchirre des inteſtins (f) ; une chute du colon dans le rectum (g). M. *Morga-*

(a) Id. p. 258.
(b) Id. p. 391.
(c) Id. p. 404.
(d) Id. p. 440.
(e) Id. t. 2. p. 19.
(f) Id. t. 2. p. 164.
(g) Id. p. 238.

gni a observé différentes pierres de la vésicule du fiel (a). On a trouvé un foie schirreux, rempli de concrétions osseuses & pierreuses (b). Un asthme périodique a été causé par une distension violente des intestins (c). Il s'est trouvé deux uretéres dans le rein droit (d). Une vessie est devenue schirreuse (e). Un dégout & une atrophie ont été causés par le déplacement de l'estomac (f). On a vû des pierres dans le rein (g); une dilatation extraordinaire de la vésicule du fiel, & une hydropisie anchistée (h) ; une femme grosse en qui les parois de l'orifice interne de la matrice étoient colées (i) ; une obstruction entiére de la valvule du colon (k) ; des uretéres obstrués par des petites pierres (l) ; des tu-

____

(a) Id. p. 376.
(b) Id. p. 411.
(c) Id. t. 7. p. 296.
(d) Id. t. 8. p. 57.
(e) Ess. de la Soc. d'Edimb. t. 1. p. 294.
(f) Id. p. 266.
(g) Id. p. 211.
(h) Id. t. 2. p. 441.
(i) Id. t. 3. p. 384.
(k) Id. t. 4. p. 555.
(l) Id. p. 257.
Seconde Partie. T

meurs dans les ovaires (a) ; une hémorragie de l'épiploon, & une autre de l'eftomac (b) ; la réunion dès extrémités de la trompe de FALLOPE, la coalition des deux artéres umbilicales en un feul tronc, deux uretéres avec deux baffinets, la fituation oblique de la matrice (c) ; une fituation particuliére de l'inteftin duodénum, qui caufoit des vomiffemens continuels (d) ; une rate monftrueufe (e) ; une quantité de corps fphériques dans l'eftomac (f) ; une fille qui manquoit du rein droit & de la capfule atrabilaire (g) ; un conduit de l'inteftin cœcum à la veffie (h) ; des pierres dans la duplicature du péritoine (i) ; un fchirre du pancréas & une tumeur des

---

(a) Id. p. 396.

(b) Comm. Acad. Sci. Pétrop. t. 1. p. 382. 383.

(c) Id. t. 4. p. 261. & fuiv.

(d) Id. t. 7. p. 233.

(e) Mifcel. Curi. Dec. Sec. 2. an. 1. p. 6.

(f) Id. p. 450. & 40.

(g) Id. p. 93.

(h) Id. p. 186.

(i) Id. an. 2. p. 251.

glandes du méfentére (a) ; une co-
lique & des convulfions produites par
des noyaux de cerife qu'on trouva
dans le cœcum qui étoit extrêmement diftendu (b) ; un convolvulus
& une rupture extraordinaire du méfentere (c).

On a remarqué de même dans la
diffection qu'on a faite des extrémités tant fupérieures qu'inférieures ,
différens cas finguliers.

On a vû des tumeurs toutes formées de graiffe à la cuiffe d'une femme de 80. ans, prodigieufement maigre (d); un polype attaché au tendon
du grand feffier par un pédicule (e) ;
la plûpart des mufcles de l'extrémité
inférieure droite manquer naturellement en tout ou en partie (f); une tumeur monftrueufe de la cuiffe qui caufa la mort (g); une tumeur édémateufe
& fchirreufe du bras , qui dégénéra

____

(a) Id. an. 7. p. 271.
(b) Abr. des Tranf. Phyl. t. 3. p. 113.
(c) Id. p. 118.
(d) Mém. de l'Acad. 1704. p. 18. & fuiv.
(e) Id. 1709. p. 28. & fuiv.
(f) Act. Phy. Méd. t. 4. p. 246.
(g) Id. t. 1. p. 55.

T

peu à peu en un cancer qui cauſa la mort (a) ; un ſchirre du ſcrotum de la verge & des pieds, contracté à la ſuite d'un éréſipelle (b) ; un ſpina ventoſa du fémur gauche (c) ; une douleur de rein avec perte de mouvement de la cuiſſe, cauſé par un abcès interne & une carie des vertébres (d) ; un anchiloſe des vertébres du dos entr'elles & avec quelques côtes (e).

Les artéres ont auſſi été affectées de différentes manieres.

L'aorte d'un homme mort ſubitement ſe trouva garnie de concrétions pierreuſes (f). On a vû l'aorte tellement dilatée dans un homme mort en un inſtant, qu'elle avoit commencé à ſe détacher de la baſe du cœur (g) ; un abcès & une oſſification de l'aorte deſcendante (h) ;

(a) Id. p. 57.
(b) Id. p. 212.
(c) Id. p. 318.
(d) Id. p. 319.
(e) Id. p. 452.
(f) Mém. de l'Acad. t. 2. p. 24.
(g) Id. 1710. p. 40.
(h) Act. Phy. Med. t. 3. p. 94.

une mort subite causée par la rupture d'un rameau des artéres coronaires (a) ; une offification de l'aorte dans un vieillard appopleĉtique (b) ; des petits os trouvés dans des artéres (c), &c.

Dans quel détail ne nous entraîneroit pas l'énumération de toutes les singularités qui se font présentées? Ce seroit bien ici le lieu de les placer ; mais de quel usage pourroient-elles être, dépouillées de l'histoire des maladies qui les ont produites ?

§. I I.

De la maniére de faire l'Ouverture des Cadavres.

L'ouverture que l'on fait ordinairement des Cadavres , est plus ou moins complette. Il arrive très-souvent qu'on examine simplement la partie dans laquelle on foupçonne que la maladie avoit son siége ; & si par hazard il se trouve que la partie

---

(a) Aĉt. Phy. Med. t. 5. p. 141.
(b) Aĉt. Phy. Med. t. 2. p. 243.
(c) Mifcel. Cur. Decur. 2. an. 1. p. 214.

que l'on avoit foupçonnée être affectée, ne le foit point ; alors on
paffe outre. Par exemple, s'il s'agit
d'une maladie du bas-ventre, on ouvre cette cavité pour y découvrir la
caufe de la mort ; & fi on obferve
que certaine partie foit fuffifamment
affectée pour avoir pû la caufer, il
eft rare que l'on faffe d'autres recherches. Néanmoins, comme l'u-
tilité que l'on doit retirer de ces fortes d'ouvertures ne confifte pas fimplement à s'affurer des caufes fuffi-
fantes qui ont pu occafionner la
mort, mais encore à examiner les
différens effets qu'a pu produire la
maladie, il feroit donc à propos de
paffer en revuë toutes les parties pour
en découvrir l'état, & s'affurer par
ce moyen, de celles qui ont été le
vrai foyer de la maladie, & des autres qui n'ont été attaquées que par
fympatie ou par quelques autres caufes.

Nous décrirons donc la maniere de
faire en entier l'ouverture des Cadavres, chacun pouvant après cela trouver par lui-même des moyens de ne
les faire qu'en partie, lorfqu'il croira
que le cas de la maladie n'exige pas
des recherches plus exactes.

Placez pour cet effet le Cadavre nud sur une table bien exposée au jour, & faites une incision cruciale, à commencer de la partie supérieure du sternum, en allant vers la supérieure des os pubis, & des parties latérales de la poitrine, à quatre doigts au-dessus des hanches, du côté droit, antérieurement, vers la même partie du côté gauche. Cette incision doit être assez profonde pour percer le péritoine, sans cependant endommager les parties qui sont immédiatement au-dessous.

Les tégumens étant alors antérieurement divisés en quatre parties, il faut éloigner ces parties les unes des autres, en les levant par leur angle ; renverser les inférieurs sur la partie supérieure des cuisses, & les supérieures sur les parties latérales de la poitrine, en les détachant avec tous les muscles qui recouvrent la poitrine antérieurement.

Coupez ensuite les cartilages des côtes dans l'endroit où ils sont unis avec elles. Détachez le diaphragme du sternum & de ces cartilages. Levez ces cartilages & le sternum en le tirant vers la face du Cadavre , & en obfervant de couper le tiffu cellulaire qui le tient lui & les mufcles intercoftaux , de même que les cartilages , unis au médiaftin , en obfervant de ne point endommager les parties qui reftent dans la poitrine.

Cela fait , le bas-ventre & la poitrine fe trouveront ouverts.

Vous pourrez commencer l'examen des parties de l'une de ces cavités pour enfuite paffer à celle de l'autre.

Je crois qu'il feroit plus à propos de commencer par celles de la poitrine , parce qu'enfuite on a plus d'aifance pour examiner celles du bas-ventre. Voici ce que vous devez y obferver : 1°. Si le médiaftin antérieur eft dans fon état naturel ; 2o. le dégager pour découvrir le péricarde , obferver l'état de cette membrane , l'ouvrir pour voir la quantité & la qualité de la liqueur qu'elle renferme , *&c.* 3o. examiner le cœur & toutes fes dépendances , fes oreillettes , fes ventricules , fes artéres , fes veines , les artéres qui en partent , les veines qui y aboutiffent , les valvules de fes ventricules de mê-

me que celles de deux grosses artéres qui en sortent; 4°. les poumons,
la plévre , &c. 5°. Après avoir dé-
gagé ces parties , chercher la portion de l'aorte inférieure renfermée
dans la poitrine , l'œsophage , le canal thorachique entre l'azigos & l'a-
orte , pour vous assurer de la cons-
titution de ces parties ; 6o. les vaisseaux sanguins , les nerfs , les gan-
glions des intercostaux qui se trouvent gonflés dans certaines maladies,
&c.

Passez de-là à l'examen des parties
du bas-ventre. Voyez d'abord dans
quel état se trouve le diaphragme ;
dégagez-le , puis observez celui de
l'épiploon , de l'estomac , de l'intestin colon , que vous dégagerez
aussi pour découvrir la rate , le pancréas , le foie , la véficule du fiel ,
&c. Après vous être assuré avec toute l'exactitude possible de l'état de
ces parties , parcourez les intestins ,
le méfentere ; débarrassez-vous ensuite de ses parties pour mettre à
découvert les reins , les uretéres , la
veine cave inférieure , l'aorte , afin
d'observer ces parties de même que
la vessie , les véficules séminaires ,

le cordon spermatique & le testicule dans l'homme, les ovaires & la matrice dans la femme, & de remarquer les altérations que la maladie pourroit avoir causé à ces parties.

L'examen des parties du col, de la bouche & des environs, exige que l'on scie la mâchoire inférieure dans sa symphise. Continuez pour cet effet l'incision que vous avez commencé à la partie supérieure du sternum; continuez-la, dis-je, en haut jusqu'à la partie moyenne de la lévre inférieure. Dégagez les tégumens; examinez les muscles, les artéres, les veines, les nerfs, les glandes tant jugulaires que thyroïdiennes, les parotides, les maxillaires, les sublinguales. Sciez ensuite la mâchoire inférieure pour examiner le dedans de la bouche, la langue, les amygdales, le voile du palais, la luette, le larynx & le pharynx.

Il faut scier la tête horisontalement, comme cela se pratique ordinairement, pour découvrir la dure-mere & ses sinus, le cerveau & toutes ses dépendances, comme nous l'avons indiqué au Livre *quatre de la premiere Partie de cet Ouvrage ,* Chap.

second de la Préparation de ce Viscere.

Il est facile de s'assurer de l'état des narines, de l'oreille, de l'œil, pour peu qu'on se rappelle ce que nous avons dit sur la préparation de chacune de ces parties.

Quant aux extrémités tant supérieures qu'inférieures, l'examen en est moins difficile que celui de toutes les autres parties. Tout se réduit à y voir l'état des muscles, des vaisseaux sanguins, des nerfs, des articulations; en un mot, des autres parties dont celui qui fait l'ouverture doit avoir une parfaite connoissance, si l'on souhaite que les recherches que l'on fait soient exactes.

Nous n'entrons pas dans un plus grand détail sur les parties qu'on doit examiner; ce détail nous entraîneroit trop loin. Nous donnerons à la fin du §. suivant quelques exemples d'ouvertures de Cadavres faites dans différens cas.

§. III.

De ce qu'on doit faire après l'Ouverture du Cadavre.

Après avoir examiné toutes les parties, il faut les remettre chacune dans leur place, autant comme il est possible ; garnir le dedans des cavités, & tous les endroits humides, de son ou de tan, pour absorber les humidités qui pourroient s'en écouler ; contenir ces parties en cousant la peau dans tous les endroits où il est nécessaire ; laver le Cadavre, l'essuier, l'ensevelir, & ne rien laisser dans l'endroit où s'est fait l'ouverture qui puisse causer de l'horreur à ceux qui ne sont point habitués à ces sortes de spectacles.

On fera ensuite l'histoire de tout ce qui se sera présenté dans l'ouverture, & on mettra (ce qui seroit plus à propos) cette histoire à la suite de celle de la maladie.

Nous donnons ici quelques cas en forme d'exemple de ces sortes de rapports.

PREMIER CAS.

HISTOIRE ANATOMICO-MEDICALE

D'une Hydropisie du Cerveau & des Meninges, & de plusieurs autres parties affectées.

UN homme maigre avoit tant de plaisir à être seul pour s'occuper plus à son gré d'affaires sérieuses & importantes, qu'il ne prenoit pendant le jour aucun exercice, & passoit les nuits sans dormir. Il fut attaqué & souffrit dès avant l'âge de dix ans de cruelles douleurs néphrétiques, & il jetta même une grande quantité de pierres. Ce mal se dissipa enfin. Du reste, il fut pendant plusieurs années attaqué d'hypocondrie, & ne contribua pas peu à entretenir ce mal, pour s'être allumé trop souvent le cerveau.

L'acrimonie scorbutique, compagne ordinaire de l'un & l'autre tempérament, y entra aussi pour quelque chose. Son mal empira ; la raison en est simple. Ses humeurs s'épaiffirent d'autant plus qu'il prenoit une grande quantité d'alimens à la fois , qu'il les mâchoit moins (parce que dans fa vieilleffe il lui manquoit plufieurs dents) ou que le peu d'exercice corporel qu'il prenoit ne pouvoit exciter le mouvement de fes inteftins. Son régime de vie pendant l'hyver mil fept cens trente-fix (il reftoit enfermé dans des chambres trop chaudes ; cette chaleur fit diffiper toute fa lymphe la plus flui-de , & rendit fes nerfs incapables de fupporter les injures de l'air ;) le mauvais tems qu'il fit alors , (il fut d'abord prefque toujours humide & froid , & enfuite il devint très-chaud) influerent beaucoup fur fon dérange-ment. Sa fanté devint chancelante ; fes forces diminuérent ; fon flux hé-morroïdal s'arrêta dès le commence-ment de cette année (il l'avoit eu abondamment pendant plufieurs an-nées) ; il fe fentit une langueur re-marquable dans tout le corps ; il fut principalement attaqué d'une pefan-teur de tête ; il perdit la mémoire ; il eut continuellement la bouche fé-che ; il fut conftipé ; il perdit l'appé-tit ; il vomit confidérablement d'une

matiére acide & visqueuse ; il eut
des rapports fréquens accompagnés
d'ardeur & de sentiment de pesan-
teur dans la région épigastrique. Il
étoit âgé de 67. ans lorsqu'il fut attaqué de tous ces maux. Je fus appellé
par le conseil de ses autres Médecins
le 12. de Septembre. Je trouvai le
malade, qui sans être arrêté au lit,
se plaignoit, outre tous les maux
dont nous venons de faire l'énumération, d'un grand abbatement, d'un
grand engourdissement des sens, d'u-
ne perte total d'appétit & d'efforts
continuels de vomir, ce qui l'empêchoit de boire. Je trouvai son
pouls égal, & presque aussi fort
qu'en santé ; ses urines peu différentes, quant à la quantité & à la
qualité, de celles d'une personne sai-
ne. La langue n'étoit pas séche ; mais
néanmoins elle n'étoit arrosée que
par une humeur visqueuse & écu-
meuse. Il avoit le bout du nez & les
extrémités des mains froids. Il eut
pendant ce jour deux fois envie de
vomir, & rendit en effet une grande
quantité d'un liquide visqueux. Quoique son pouls & ses urines parussent
à peu près comme en santé, son

grand accablement & son étourdisse-
ment faisoient assez connoître qu'il
y avoit quelqu'anguille sous roche,
comme dit le Proverbe. Le pouls,
l'urine annonçoient la santé; cependant le malade meurt.

On lui conseilloit de se coucher
la tête basse plutôt qu'élevée, tant
pour conserver le peu de forces qui
lui restoient, que pour entretenir le
peu de chaleur naturelle qu'il avoit. Il
ne voulut jamais le faire, persuadé qu'il
étoit que c'étoit là le moyen d'aug-
menter ses douleurs. On lui fit prendre
pendant ce jour des poudres absor-
bantes & toniques, une potion composée d'eau analeptique & presque des
mêmes poudres. Ces remédes lui
avoient été enfin ordonnés la veille
par le conseil commun de Messieurs
les Médecins qu'il avoit jusqu'alors
appellé à son secours. Il prenoit pour
tout aliment des bouillons foibles, & il
usoit d'une ptysanne édulcorée d'un
peu de canelle & d'un petit vin alter-
nativement. Le soir on lui donna un
lavement de lait & d'autres drogues
adoucissantes. Ce lavement lui fit
rendre, sans douleur, des excrémens bien formés. Il eut une nuit
assez

assez tranquille, mais qui ne le fortifia nullement. Le jour suivant, la maladie parut au même période. On ne douta plus alors qu'il n'y eût quelque congestion, non-seulement dans les viscéres du bas-ventre, mais encore dans la tête. Comme d'ailleurs il y avoit tout lieu de soupçonner l'inflammation de l'estomac, à cause des fréquens vomissemens, c'est là ce qui ne fit plus surement lui ordonner un reméde préparé avec le camphre (savoir, dix grains de camphre dissous dans une demi - dragme d'huile d'amandes , dont on lui faisoit boire dix ou quinze gouttes de six heures en six heures,) que j'étois plus certain qu'il pouvoit résoudre les dépôts commençans , & relâcher en même tems les nerfs resserrés. Et comme la pituite étoit tenace , on lui fit prendre aussi pour la dissoudre une essence saline amére, composée de terre foliée de tartre mêlée avec l'essence de quinquina & de petite centaurée ; mais il n'en fit point usage, craignant d'exciter son estomac déja trop sensible. Du reste pour lui redonner des forces, on lui faisoit boire une cuillerée d'une potion cordiale ; on lui mit un épithéme au poignet , & un petit sachet analeptique sous les narines. Il ne fut attaqué de vomissement pendant ce jour qu'une seule fois ; & ce ne fut qu'à midi , lorsqu'il se leva. Sur le soir , on lui fit prendre le lavement dont nous avons parlé ci-dessus. Ce lavement produisit le même effet, & le malade passa de même la nuit sans aucun changement remarquable. Le troisiéme jour la maladie alloit toujours son même chemin, si ce n'est que le malade sentoit ses forces s'abbatre de plus en plus , & surtout lorsque, vers le midi, il voulut se lever. Ce fut alors que les vomissemens s'arrêtérent entiérement. Il eut néanmoins de fréquens rapports. On jugea à propos de lui faire continuer les mêmes remédes , en faisant néanmoins ajouter à la potion cordiale la liqueur anodine minérale d'HOFF-MANN , afin de fortifier l'estomac. Il fut attaqué la nuit suivante d'un violent paroxisme soporeux, & perdit entiérement les sens. Ce paroxisme se dissipa néanmoins peu après, & on n'observa pas de changement remarquable dans le pouls. Ce paroxisme dura encore le quatriéme jour suivant ; il se relâcha néanmoins de tems à autre. Outre les bouillons chauds qu'on lui faisoit avaler de tems en tems , on lui fit prendre , autant qu'il fut possible, d'une eau conforta-tive avec des poudres de nos bouti-ques. On y ajoutoit quelques gout-tes de la liqueur volatile huileuse de Sylvius , & on entrecoupoit outre cela ces potions d'un julep perlé , mêlé avec le spécifique céphalique de Michel. Tous ces remédes ne pro-duisirent aucun effet ; il n'en parut que plus accablé de sommeil pen-dant la nuit. Le jour suivant , ces affections soporeuses reparurent plus souvent. Elles furent même accom-pagnées de gesticulations & de quel-ques tendances aux convulsions , si-gnes qui annonçoient le mal dont nous avons parlé ci-dessus. On lui fit prendre une potion analeptico-ner-vine ; mais les intervalles tranquiles permirent à peine qu'on lui en fît prendre deux doses. Il fut sur le mi-lieu de la nuit de ce même jour at-taqué de ces affections soporeuses qui ne se relâchérent point. Le pouls même commença aussi à vaciller, la

respiration à devenir plus courte &
plus laborieuse , & tout resta dans
ce triste état jusqu'au midi du sixiéme jour. On lui fit le matin appliquer des vésicatoires sur le gras des
jambes. Sur le midi , le pouls qui
jusqu'alors n'avoit paru altéré que
dans certains momens , ne se faisoit
plus sentir au poignet. Il eut une sueur
froide dans les mains; ses extrémites
inférieures restérent néanmoins dans
leur chaleur naturelle ; enfin il mourut à deux heures après midi. On fit
le lendemain l'ouverture du Cadavre. Voici ce qui s'y présenta.

10. On trouva le corps maigre partout ; l'abdomen & la poitrine encore fort chaude dix-huit heures
après la mort , & le dos parsemé de
marques livides.

2º. A l'ouverture de l'abdomen ,
on sentit une puanteur un peu lixi-
vieuse , qui se dissipa néanmoins sur
le champ. On n'y trouva aucun amas
ni aucune extravasation de lymphe.
L'épiploon & le mésentere paroissoient dans leur état naturel , excepté
que leurs veines étoient remplies de
sang noir. L'estomac étoit très-étendu dans son fond ; ses vaisseaux

étoient de même engorgés. Il renfermoit une assez grande quantité d'un liquide féculent & puant ; sa surface interne étoit parsemée de taches & de points livides. Nous vîmes avec étonnement la conformation singuliére du pylore qui étoit de l'épaisseur d'un bon pouce & presque aussi ferme qu'un cartilage. Il étoit tellement augmenté qu'il avoit la figure d'un schirre, & qu'à peine pouvoit-on y introduire le doigt. L'intestin duodénum parut dans sa structure naturelle; il étoit néanmoins extérieurement rouge & livide en dedans. Les intestins jéjunum & iléum étoient en grande partie vuides, & du reste dans leur état naturel. L'intestin cœcum étoit très-étendu, & descendoit presque jusqu'au fond du bassin. Il se présenta différentes choses dans le colon. Sa partie qui du cœcum monte vers l'estomac, & celle qui est au - dessous étoient tellement gonflées de vents, que cet intestin étoit plus gros que le poing dans cet endroit, tandis que sous le fond de l'estomac il étoit si étroit, qu'à peine avoit-il deux doigts de diamétre. Sa partie qui se porte sur

le rein gauche étoit dans sa grosseur
naturelle. Cet intestin se continuoit
vers le rectum, étréci comme sous
l'estomac. La derniere portion de cet
intestin étoit rempli de petites crot-
tes & d'un argille grise. Le foie étoit
petit, flasque, & comme dépouillé
de sang. Il avoit cela de particulier
qu'on chercha en vain pendant long-
tems la vésicule du fiel ; enfin on
trouva le canal cholédoque, & on
s'assura par ce moyen que la vésicule étoit dans sa place, mais qu'elle
étoit si petite, que lorsqu'on l'eût
gonflée d'air, elle avoit à peine deux
pouces de longueur, & n'étoit pas
plus grosse qu'une plume à écrire.
On l'ouvrit & on y trouva simplement une ou deux gouttes de bile
jaune, & une petite pierre de la
grosseur environ d'une lentille, adhérente à son fond. Le conduit cystique étoit à peu près dans sa grandeur
ordinaire. L'hépatique étoit beaucoup plus grand, de maniere que la
bile hépatique paroissoit en quelque
façon avoir suppléé au défaut de la
cystique. Au reste l'un & l'autre de
ces conduits communiquoient comme à l'ordinaire, au moyen du cho-

lédoque avec l'inteſtin duodénum. On ne trouva rien de particulier dans le pancréas. La rate étoit de la grandeur de la main, flaſque & livide. Le rein gauche étoit en bon état. Il ſe préſenta dans l'uretére du droit une pierre peſant demi-once, & inégale dans différens endroits ; auſſi l'uretére étoit-il un peu plus grand qu'à l'ordinaire. La veſſie étoit flaſque & renfermoit une aſſez grande quantiré d'urine.

On ouvrit la poitrine, & on trouva les poumons remplis ç'à & là de ſang, & outre cela le lobe gauche preſque partout adhérent à la plévre. Il y avoit peu de lymphe dans le péricarde. Le cœur étoit flaſque. Il ſe trouva dans ſon oreillette droite une concrétion polypeuſe, fibreuſe, preſque de la groſſeur d'un pouce. Au reſte, le cœur ni les gros vaiſſeaux ne renfermoient pas une grande quantité de ſang. Ce ſang étoit noirâte & épais.

A l'ouverture de la tête, les veines de la dure-mere qui parurent gorgées de ſang, annoncérent auſſitôt la congeſtion. Les ſinus longitudinaux & latéraux de cette membra-

ne étoient vuides. La dure-mere le-
vée, il s'écoula de toute part quelques onces d'un férum limpide. On
en remarqua aussi beaucoup fous la
pie-mere, dans les ventricules antérieurs, fans cependant que le plexus
choroïde parût affecté. La fubftance du cerveau étoit ferme, & on
remarqua plufieurs points d'un rouge
noir, épars ç'à & là dans fa fubftance médullaire, ce qui étoit encore
une preuve de la congeftion qui
s'étoit faite dans la tête. Voyez *Act.*
Phyf. Med. t. 4. *Obf.* 135.

✳✳✳✳✳✳✳✳✳✳✳✳✳✳✳✳✳✳✳✳✳

SECOND CAS.

Observation sur l'Ouverture d'un Homme mort de froid pendant l'hyver, tirée des mêmes Actes. Obs. 28.

UN homme âgé de 40. ans environ, de basse extraction, & misérable, périt de froid vers le commencement de Décembre 1728. Voici ce qui se présenta à l'ouverture du Cadavre.

Les doigts des pieds & les pieds mêmes gangrenés & sphacelés jusqu'aux genoux, étoient d'une couleur livide & foncée. Les ongles tomboient sitôt qu'on les touchoit. La gangréne & le sphacéle s'étendoient sous la peau de la cuisse & sur l'abdomen, jusqu'à l'ombilic ; ce qui faisoit que la région épigastrique paroissoit d'une couleur pourprée foncée, & laissoit exhaler une puanteur extrêmement forte. Après avoir séparé la peau de l'une & l'autre jambe, on trouva entr'elle & les muscles une grande quantité d'eau ou de lymphe. L'épiderme formoit des vé-

Seconde Partie. X

ficules fur les jambes & fur les cuiffes, & paroiffoit écorché dans différens endroits. La peau, qui étoit extrêmement mince, étant féparée, on ne trouva point de graiffe dans le pannicule adipeux. Le pannicule charnu paroiffoit comme une membrane nerveufe. L'épiploon étoit très-mince, très-étendu au-deffous de l'ombilic, &c. deftitué de graiffe, replié fur lui-même & fphacelé, renfermant dans fes conduits & dans les rameaux de fes veines, du fang grumelé & noirâte. Les inteftins femblables à des ruches à miel, laiffoient voir des valvules fur tout le long des inteftins grêles, fort curieufes par rapport à leur fituation & leur difpofition. Le méfentere étoit extrêmement mince, & renfermoit peu de graiffe. Les glandes du méfentere étoient dans leur état naturel. Les plexus des nerfs du méfentere paroiffoient entrecoupés de glandes. Le foie étoit dans fa grandeur & fa couleur naturelle. Il fe préfenta néanmoins dans fa face concave, entre fa membrane & fa fubftance pulpeufe, un abcès rempli d'un pus blanc comme du lait. La véficule du fiel étoit très-grande, remplie d'une bile impure & fine. On trouva dans son fond une pierre de la grosseur & de la figure d'un gland de chêne, d'une couleur noire. Il se présenta dans son col, qui étoit très-dilaté, plusieurs rugosités qui avoient la figure de valvule. La veine cave distendue outre nature, renfermoit une grande quantité de sang noir. Il ne s'en trouva pas au contraire dans l'aorte qui étoit rétrécie plus qu'elle ne l'est ordinairement. La rate étoit d une couleur brune azurée, d'une figure ronde. Les reins étoient assez grands & paroissoient remplis en dedans de petits ulcéres, dépourvus de bassinet, à cause de la complication & de l'entrelassement extraordinaire des vaisseaux & des nerfs. Les uretéres étoient très-étroits & fort comprimés, au point qu'on y pouvoit à peine introduire un stilet. La vessie étoit vuide.

Le poumon étoit adhérent partout à la plévre & au diaphragme. Le diaphragme étoit extrêmement mince, presque tout charnu, si bien qu'on en pouvoit à peine voir le centre tendineux. Du reste, les poumons étoient d'une couleur noïrâtre & d'un rouge brun. Le cœur étoit assez grand & très-large. On trouva dans ses ventricules de grands polypes qui empêchoient le libre passage du sang, & qui étoient adhérens aux fibres du cœur & à ses colonnes charnues. Aussi des deux polypes qui se trouvérent dans le ventricule droit, l'un étoit rond, & l'autre assez épais s'étendoit dans l'artére pulmonaire & le tronc de la veine cave, à la longueur de 12. doigts environ ; d'où il est facile d'entendre pourquoi la veine cave étoit dilatée & remplie de sang noir.

❈❈❈❈❈❈❈❈❈❈❈❈❈❈❈❈❈❈❈

TROISIE'ME CAS.

Observation sur l'Examen Anatomique du Cadavre d'un jeune Homme tué par le Tonnerre, tirée des Mém. de l'Académ. Roy. des Sci. t. 2. p. 179.

LE 4. Août, le tonnerre tomba dans un batteau sur la seine, où étoit M. l'Abbé de Lorraine, avec quelques gens de sa suite ; il frappa un jeune homme qui en étoit, au derriere de la tête, & s'en alla, sans faire d'autre dommage, s'abimer en serpentant dans l'eau. On ne s'apperçut pas d'abord de cet accident, & on crut que ce jeune homme qui étoit resté immobile, s'étoit endormi; mais en voulant l'éveiller, on le trouva mort.

M. du Verney en fit l'ouverture deux heures après. Il remarqua auparavant qu'à l'endroit du coup il y avoit deux contusions, l'une au-dessous de l'autre, qui n'occupoient qu'un fort petit espace : l'une pénétroit jusqu'au péricrâne ; l'autre étoit tout-à-fait superficielle : à toutes les deux la peau se trouvoit légérement entamée, les cheveux grillés à un pouce de distance tout autour ; d'ailleurs tout le reste de l'extrémité étoit sain.

Toutes les parties du bas-ventre étoient en bon état ; dans la poitrine, les poumons étoient fort flétris, & plus affaissés qu'on ne les trouve dans aucun autre genre de mort. Le lobe gauche étoit collé à la plévre. Lorsqu'ils furent ouverts, leurs vaisseaux paroissoient tels, qu'il sembloit qu'on en eût exprimé le sang.

Le feu n'avoit fait aucune impreſſion aux bronches , ni à la trachée ;
le cœur étoit tout-à-fait ſain ; le péricarde contenoit environ une cuillerée d'eau fort lympide ; le ventricule droit & ſon oreillette étoient
fort tendus & fort dilatés par la quantité de ſang liquide & coulant qui y
étoit enfermé.

Dans le crâne , à l'endroit du
coup , il n'y avoit ni fracture , ni fiſſure ; il n'y avoit de même aucune
altération dans les autres os du crâne. Le cerveau étoit fort ſain auſſi ;
ſeulement il y avoit à la partie ſupérieure une lymphe congelée &
infiltrée dans les replis de la piemere.

QUATRIE'ME CAS.

Observation sur l'Ouverture de cinq Personnes empoisonnées par une Fille, savoir de la belle-mere empoisonnée avec l'arsenic, du Pere & des trois Sœurs empoisonnés avec le cobalte, tirée des Act. Phy. Med. t. 5. p. 355.

LA poitrine du Cadavre du pere ouverte, les poumons parurent gorgés de sang. Dans l'abdomen, le foie étoit d'une couleur rouge foncée ; l'estomac étoit plein d'une eau bilieuse, sans qu'il parût y avoir extérieurement aucune inflammation ; mais si-tôt qu'il fut ouvert en longueur, en montant vers son orifice supérieur, on le vit couvert de petits grains rouges ; ses vaisseaux sanguins vers l'œsophage, formoient en serpentant des espèces de nœuds, & on y remarquoit des petits grains durs & couverts de mucus. On ne trouva rien d'extraordinaire dans l'œsophage, les intestins ni les autres visceres.

On vit dans la fille de dix ans,

l'eftomac généralement enflammé partout , & les vaiffeaux tellement corrodés & rongés , que le fang pur s'en étoit écoulé dans fa cavité. Du refte on n'obferva rien de remarquable dans les autres vifceres , fi ce n'eft que le foie étoit d'une couleur rouge foncée , & paroiffoit couvert de petites taches noirâtes.

Dans le corps de la fille de fix ans , on découvrit en dedans de l'eftomac une inflammation , qui fans être auffi apparente que dans les autres , étoit beaucoup plus confidérable. En dehors , vers le pylore , il fe préfenta une tumeur formée par du fang extravafé. Les vaiffeaux gaftriques qui fe portent au fond de ce vifcere , paroiffoient outre cela plus gorgés que dans les autres , & l'eftomac plus contracté.

Quant au Cadavre du petit enfant d'un an & demi , qui mourut avant le deuxiéme jour , d'une pthyfie , fa peau étoit d'une couleur verte foncée ; & lorfqu'elle fut féparée des mufcles , cette couleur parut avoir déja pénétré jufques dans leur fubftance. Le foie étoit fort grand , auffi-bien que la véficule du fiel. On

ne vit aucun signe d'inflammation
dans l'estomac & les intestins , ni
rien d'extraordinaire dans les autres
visceres.

La fille de deux ans & demi mourut six jours après son pere ; son
corps étoit livide sur le dos comme
dans les précédens. L'abdomen étoit
moins enflé & extrêmement maigre.
A l'ouverture que l'on fit du Cadavre, les vaisseaux des poumons ne
se trouverent pas si gorgés que dans
les premiers ; mais le foie étoit pâle,
la vésicule du fiel d'une grandeur
démesurée. Il sortoit de l'estomac
une eau rousse & foetide, & on vit
dans le fond une petite tache enflammée de la grosseur d'une petite
fêve. L'intestin duodénum étant disséqué dans toute sa longueur, on en
tira un ver. On ouvrit de même les
petits intestins, surtout dans les endroits où ils paroissoient noirâtes, &
on y trouva de semblables vers. Du
reste on n'y trouva rien , ni dans les
autres visceres , qui soit digne d'observation.

On ne peut rien assurer de certain
sur l'empoisonnement de l'enfant d'un
an & demi, qui avoit été alaité par

fa mere , & mourut peu de tems après elle. Quoique l'abdomen en dehors parût verdâtre, on ne put dire jufqu'à quel point l'arfenic rouge qui lui fut communiqué par le lait, avoit pû hâter fa mort, puifque quelques femaines avant la mort de fa mere il fe portoit déja mal , qu'il lui fur-vécut encore de huit femaines, & que de jour en jour il étoit de plus en plus mal.

Prefque la même chofe arriva à la fille de trois ans & demi, qui ra-maffa dans un pot de terre les reftes d'une bouillie empoifonnée. Il pa-roît certainement qu'il étoit refté peu de poifon au fond ou aux bords de ce pot, puifqu'elle vécut encore, non-feulement plus de fix mois, mais même que dans la diffection qu'on en fit, on ne trouva rien autre cho-fe qu'une tache de la grandeur d'une petite fêve, qui s'obfervoit fur la fu-perficie interne enflammée de l'efto-mac. Outre cela, il fe trouva plu-fieurs vers cachés dans les inteftins, tels que ceux que rendit cette petite fille par la bouche & par l'anus deux jours avant fa mort. On ne peut trop affurer fi c'eft par cette petite quan-

tité de poison que les vers furent
chachés, ou si c'est le lait avec l'huile d'olive qu'elle prit le matin après
qu'elle eut été empoisonnée le soir.

CINQUIE'ME CAS.

Observation sur l'Ouverture d'une Femme morte 4. ans après une Couche de deux Enfans, tirée des Mém. de l'Acad. des Sc. an. 1722.

LA femme d'un Marchand Boucher de Pont - à - Mousson en
Lorraine, ayant accouché à l'âge de
40. ans, de deux enfans à la fois,
fut étonnée de ne point reprendre
ses régles, & quatre ans après elle
commença à se plaindre d'une du-
reté dans le bas-ventre, qui devint
une tumeur énorme, dont elle res-
sentit beaucoup d'incommodités différentes & très-considérables. Enfin,
après les avoir souffertes plus de dix
ans, elle mourut en 1722. près de
15. ans après l'accouchement qui
paroissoit être l'époque de sa maladie.

Elle fut ouverte en présence des

plus habiles Médecins & Chirurgiens
de l'Univerſité de Pont-à-Mouſſon ;
& c'eſt par l'un d'entr'eux que cette
relation a été envoyée à M. Geof-
froy. Ils trouvérent que la tumeur
dont cette femme avoit été ſi in-
commodée peſoit 15. à 16. livres.
C'étoit un amas confus de chairs,
tantôt dures comme du plâtre dé-
trempé, tantôt filamenteuſes & à
demi pourries, de vaiſſeaux ſanguins
tout défigurés, & roulés comme en
paquets, de glandes infiltrées tantôt
blanchâtres, tanrôt rougeâtres, des
cavités pleines de différentes liqueurs
toujours mal conditionnées. Dans
ce cahos, on ne laiſſa pas de reconnoître cette groſſe maſſe pour la matrice. Le ligament làrge, l'ovaire &
la trompe étoient encore aſſez ſen-
ſibles du côté gauche. A l'autre,
trois petits oſſelets de la figure & de
la grandeur de ceux des cuiſſes de
grenouilles, trouvés dans un corps
charnu, ne pouvoient être que les
reſtes d'un fétus qui s'étoit formé
dans la trompe de ce côté là. Ils de-
voïent appartenir à un fétus de trois
mois. Tout le reſte eſt aiſé à ſuppléer.
Ce fétus avoit péri, & il faut croire

que ce fut par quelqu'engorgement
des vaisseaux sanguins de la mere qui
eussent pû le nourrir plus long-tems;
car cette tumeur excessive ne peut
avoir eu d'autre cause. On sait combien le plus petit engorgement peut
aller loin, s'il se trouve ensemble
beaucoup de malheureuses circons-
tances qui le favorisent. Il y a toute
apparence que cette femme porta
trois enfans à la fois, deux dans la
matrice, & un dans une trompe;
& c'est là le plus singulier de l'observation. Après qu'elle fut accou-
chée des deux de la matrice, l'engorgement qui avoit fait périr celui
de la trompe, il y avoit déja six
mois, supprima à la mere ses régles,
& il fut encore quatre ans à s'aug-
menter assez pour causer une incom-
modité sensible; après quoi il passa
par degrés au dernier excès.

CHAPITRE SECOND.

De l'Embaumement.

Embaumer un Cadavre, c'est le farcir & le oindre de drogues convenables pour le préserver de la pourriture. Que les embaumemens se
soient pratiqués dans tous les tems,
c'est ce que nous apprend l'Histoire
tant sacrée que profâne. Les Egyptiens, les Perses, les Arabes, les
Juifs, les Ethyopiens & les Chrétiens
ont pratiqué cette cérémonie.

Ce n'est qu'aux Grands que cette
marque de distinction paroît aujour-
d'hui réservée. Les grands comme les
petits pouvoient être embaumés chez
les Egyptiens. Le prix faisoit tout. Ils
avoient trois sortes d'embaumemens,
un pour les riches, un pour les gens
de moyenne condition, & l'autre
pour les gens du commun.

Nous réduisons à quatre choses ce
que nous avons à dire des embaumemens. Nous examinerons en
premier lieu quelles sont les ma-

tiéres dont on se sert pour les faire ; 2°. Quels sont les choses dont ceux qui font l'embaumement doivent être munis; 3°. Ce qu'ils ont à faire pendant l'embaumement ; 4°. Ce qu'ils ont à faire après cette opération.

§. I.

Des Matiéres propres aux Embaumemens.

Les vuës dans lesquelles on fait les embaumemens, font assez voir que le choix qu'on doit faire des matiéres qui y servent, consiste à connoître celles qui non-seulement sont les plus capables de résister à la pourriture, mais qui encore donnent une bonne odeur au Cadavre auquel on les applique.

Ces matiéres peuvent être séches ou liquides ; & moins ces derniéres seront chargées d'eau, & plus elles seront propres à cet effet. Aussi ne se sert-on jamais guéres que d'esprit, d'essences, de teintures, de baumes, &c.

Les matiéres séches se tirent des trois regnes, du minéral, de l'animal & du végétal.

La Claſſe des Aromatiques en
fournit la plus grande partie dans le
regne végétal , ſoit qu'on faſſe uſage
des fleurs, des fruits, des feuilles,
des écorces, des bois, des racines,
des gommes ou des réſines.

Fleurs

de lavande ,	d'anet ,
d'hyſſope ,	de ſauge ,
de roſmarin ,	de ſcabieuſe ,
de roſes pâles &	d'orange ,
rouges ,	de citron ,
de ſaffran ,	d'œillets ,
de chamdœris,	de camomille ,
de chamœpitys ,	de muget & au-
d'hypéricum ,	tres ſemblables.
de petite centau-	
rée ,	

Fruits

la muſcade ,	les bayes de lau-
le macis ,	rier ,
le gérofle ,	de geniévre ,
les cubébes ,	de myrthe ,
le ſpicanard ,	les noix de galle ,
le poivre long ,	de cyprez ,
le blanc ,	les ſemences d'a-
le noir ,	nis ,

de

de cumin,   autres sembla-
de fenoüil,   bles.
de coriande &

Feuilles

d'aurone,   d'armoise,
d'absynthe,   de menthe,
de thym,   de myrthe,
de rosmarin,   de pouliot,
de laurier,   d'origan,
de sauge,   de basilic,
d'hyssope,   d'anet,
de marjolaine,   de fenoüil,
de marrube,   de dictam,
de matricaire,   de véronique,
de calament,   de sabine,
de baume,   de scordium,
de mélisse,   de sarriette,
de serpollet,   de nepeta & au-
de rhuë,   tres semblables.

Ecorces

de citrons,   de limons,
d'oranges,   le cassia lignea,
de canelle,   le son,
de guayac,   le tan & autres
de saffafras,   semblables.
de genevrier,

Seconde Partie.   Y

Bois

de rodes ;
de guayac,
de saſſafras,
les ſantaux,

le genievre ;
le buis & autres
ſemblables.

Racines

d'angélique,
d'ariſtoloche,
d'impératoire,
de contrayerva,
de galanga,
de calamus aro-
  maticus,
de carline,
de fraxinelle,
de caryophyllata,
d'iris de Florence,
de meum,
de gentiane,
de flambe,
de valérienne,
de zingembre,

de pivoine,
de pyrette,
de garence,
de cyperus,
de pervanche,
de dictame,
de pas-d'âne,
de queuë de pour-
  ceau,
de ptarmica,
de grande chéli-
  doine,
d'anthora,
d'aunée & autres
ſemblables.

Gommes & Résines & autres Sucs des Plantes.

le baume du Pérou,
la résine,
l'assa-fœtida,
la poix de Bourgogne,
la gomme amoniaque,
la poix navale,
la gomme élémi,
le bdellium,
l'aloës,
le benzoin,
le styrax calamite,
le styrax liquide,
la myrrhe,

le labdanum,
le galbanum,
la laque,
le labdanum,
l'acacia,
le tacama,
le mastich,
le geniévre,
la thérébentine,
le camphre,
le cédria,
le sagapenum,
le baume de Copahu & autres semblables.

Le regne animal en fournit très-peu : Tels sont

la civette,
le musc,
le bitume de Judée,

le castor,
l'ambre gris, &c.

C'est du regne minéral que se tirent les matiéres qui résistent le plus à la pourriture , & détruisent plus fûrement les infectes. Tels font:

la chaux éteinte,   le plâtre ,
le foufre ,   le fel commun,
le fel gemme,   le nitre, &c.
l'alun ,

L'Art fournit différentes préparations propres aux embaumemens.

Les *Effences*

d'abfynthe ,   de poulliot,
d'écorce de ci-   de bois de rho-
tron ,   des ,
d'orange,   de romarin ,
de camomille ,   de rhuë ,
de canelle ,   de fabine ,
de girofle ,   de fauge ,
d'hyffope,   d'anis ,
de guayac ,   de fenoüil ,
de genevrier,   de fuccin ,
de faffafras ,   de tanaifie ,
de macis ,   de thérébentine
de marjolaine ,   & autres fem-
de menthe ,   blables.

Les *Efprits*

de vin ,   d'urine ,
de nitre ,   de fel ammoniac,

de sel commun, d'alun, &c.

Les Teintures

de musc,   de styrax,
d'ambre gris,   d'aloës,
de civette,   de myrthe, &c.
de benjoin,

On compose avec les drogues que nous avons dit qu'on tiroit des trois regnes des poudres plus ou moins bonnes, plus ou moins précieuses, suivant celles qu'on fait entrer dans la composition de ces poudres.

Quant à la dose, comme il ne s'agit ici que d'une poudre pour embaumer un Cadavre, on ne court aucun risque dans les proportions. La seule régle qu'on doit se prescrire dans ce cas, c'est de faire dominer, autant comme il est possible, les drogues les plus propres au but qu'on se propose.

§. II.

Des choses dont ceux qui font l'Embau-mement doivent être munis.

Ceux qui font l'embaumement doivent être munis, 1°. de tous les inftrumens néceffaires pour ouvrir le Cadavre, de rafoirs, de fcapels, de fcie, de cifeaux, d'aiguilles, &c. Voyez *Ch.* 1. *de ce Livre.*

2o. Des efprits, des effences, des huiles, des poudres qu'il aura préparées en quantité fuffifante pour remplir le bas-ventre, la poitrine & la tête, &c.

3°. De plufieurs éponges groffes & fortes, d'étoupes dont on fe fert auffi pour embaraffer les poudres, de coton cardé pour la bouche & les oreilles, d'une groffe broffe pour frotter extérieurement le corps avec les linimens, de deux ou trois aunes de toile cirée.

4°. D'une chemife, d'une coëffe & d'un drap de toile pour envelopper le fujet, & qu'il fera tremper dans l'efprit de vin ou dans d'autres linimens de fa compofition.

5°. De rubans de soie de couleur noire, violette ou blanche, suivant le sujet qu'il aura à embaumer, pour en lier le drap par les deux extrémités; un morceau de taffetas de la même couleur que les rubans pour envelopper la boëte du cœur; autant de corde qu'il est nécessaire pour lier le Cadavre après qu'on l'a enveloppé de toile cirée; de bandes de toile forte, larges & longues pour ferrer les différentes parties du corps après qu'elles auront été scarifiées, remplies de poudre & cousuës.

6°. Il faut avoir un cercueil de plomb & un de bois bien poissé & bien mastiqué en dedans pour enfermer celui de plomb, un baril de plomb ou de bois bien conditionné pour mettre tous les visceres; une boëte de plomb figurée en cœur & plus grande que ce viscere, pour pouvoir l'y enfermer.

7°. De ce qui est nécessaire pour parer le sujet, lorsqu'on a dessein de l'exposer dans le lit où il sera décédé.

Voici la formule du liniment qu'on préparera pour frotter le Ca-

davre , tant intérieurement qu'extérieurement.

R. thérébentine ,
    huile de ſpica ana 2. liv.
    gomme élémi ,
    ſtirax liquide, ana 4. onc.
    huile de laurier , 3. liv.

Autre.

R   thérébentine de Veniſe, 3. l.
    gomme élémi , . . 4. onc.
    huile d'hypéricum ou
      de laurier , ... dem. liv.
    baume du Pérou , 2. onc.

On peut à ſon gré en préparer un
autre avec des drogues plus ou moins
précieuſes , mais toujours en telle
proportion , que de leur mélange il
en réſulte un liniment aſſez mol pour
qu'il puiſſe s'étendre facilement.

§. III

De ce qu'on a à faire pendant l'Embau-
mement.

On doit d'abord faire l'ouverture
du

du Cadavre comme nous l'avons indiqué ci-dessus dans le *Chap. précédent*, pour y découvrir les parties affectées par la maladie; procéder ensuite à l'embaumement.

On ôtera toutes les parties contenuës dans toutes les capacités. Celles qu'on doit séparer, sont le cerveau, les yeux, la langue, l'œsophage, la trachée artére & toutes les autres parties qui environnent ces deux dernieres, le poumon, le cœur, l'estomac, les intestins & tous les autres visceres du bas-ventre.

Il faut ensuite, au moyen des éponges, enlever l'humidité de toutes les capacités; séparer le cœur du poumon & le mettre tremper dans un vase dans lequel on aura mis de l'esprit de vin; laver le canal intestinal & l'estomac pour en chasser les excrémens; passer des éponges ou des linges sur chacun des visceres, pour leur ôter leur humidité; mettre au fond du baril préparé pour les enfermer, une couche de la poudre aromatique, puis une couche bien mince des visceres; ensuite une autre couche de poudre, & ainsi de suite jusqu'à ce qu'ils soient tous couverts de poudre , & que le baril soit exactement rempli. La premiere & la derniere couche de la poudre doivent être plus fortes que les autres; & on doit observer qu'il s'en trouve aussi sur les parties latérales plus qu'ailleurs , entre les parois du baril & les visceres.

On tirera le cœur du vase dans lequel on l'avoit mis , après l'avoir bien lavé; on en ouvrira les oreillettes & les ventricules; on le pressera entre les éponges pour le dépouiller de son humidité ; on l'enduira de liniment en dedans & en dehors; ensuite on remplira ses cavités de poudre aromatique , & on le mettra dans une poche de toile cirée, à peu près de sa figure & assez grande pour qu'on puisse mettre de la poudre autour du cœur ; on fermera cette poche , & on mettra le tout dans la boëte de plomb préparée pour cet effet , & qui sera ensuite soudée.

Quant au corps , après l'avoir lavé dans l'esprit de vin , & toutes les cavités , il faut enduire chacune d'elles de liniment , puis les emplir avec de la cire fondue, ou telle autre matiere semblable que l'on couleroit dedans jusqu'à ce qu'elles soient assez remplies pour être exactement couvertes par les tégumens, & qu'elles paroissent à peu près dans leur état naturel. On peut aussi, si on le juge à propos, remplir chacune de ces cavités avec la poudre aromatique entremêlée d'étoupes ou de crin.

Les narines, les orbites & la bouche doivent être remplies de coton qu'on aura trempé dans l'esprit de vin & dans le liniment.

Après avoir recousu proprement les parties, il faudra faire des incisions profondes & très-peu distantes les unes des autres sur le dos, les lombes, les épaules, les fesses; sur chacune des extrémités tant supérieures qu'inférieures, & enfin dans tous les endroits où la trop grande quantité de parties qui n'auroient point été garnies de la poudre, ou pénétrées par les esprits, le baume ou le liniment dont on se sert, se pourriroient nécessairement.

On doit observer, à mesure que l'on rempli ces incisions de poudre aromatique, après avoir endui les parois de chaque plaie de quelque baume ou liniment, de frotter toute la partie avec le liniment & de la garnir enfuite de bandes. On commencera pour cet effet par le col, les épaules & le refte du tronc ; & après les avoir garnis de bandes, on paffera aux extrémités fupérieures, puis aux inférieures que l'on enduit de baume, farcit de poudre, que l'on frotte avec le liniment, & que l'on enveloppe avec les bandes, comme on a fait pour le tronc.

Nous devons encore obferver qu'il eft à propos de paffer l'éponge dans chacune des incifions qu'on a faites, afin d'enlever le plus qu'il eft poffible, les humidités du corps.

Après avoir ainfi embaumé le Cadavre, on l'enveloppe dans le drap de linge que l'on trempe, fi l'on veut, dans l'efprit de vin ou dans quelqu'autres effences. On lie le drap par les deux extrémités, & on enveloppe le tout dans une toile cirée. On met enfuite le corps dans le cerceuil de plomb préparé pour cet effet. On foude le cerceuil, & on le met dans un autre de bois, fi on le juge à propos.

Lorfque l'on doit expofer le Cadavre en public, le vifage, les pieds

& les mains nuës , l'embaumement ne peut se pratiquer de cette façon. Dans ce cas, je conseillerois , lorsqu'on s'est assuré par l'ouverture du Cadavre , du foyer de la maladie , de faire des injections semblables à celles dont ou se sert pour les préparations Anatomiques. On doit pour cet effet tâcher de détruire, le moins qu'il est possible , les parties dans la recherche que l'on fait des affectées. S'il arrivoit par hasard qu'on n'en n'eût gâté aucune, on pourroit pratiquer les injections de la maniere que nous l'avons indiqué , *Chap.* 4. *au* 1ʳ. *Liv. de la seconde Partie* ; & dans le cas où on en auroit gâté , comme celui qui fait l'embaumement est Anatomiste , il lui sera facile de trouver des moyens de lier les vaisseaux par lesquels les injections pourroient fuire , & de les faire à plusieurs reprises dans différentes parties , s'il ne peut les faire d'un seul coup.

On ne doit point enlever les yeux ni la langue ; & dans le cas que le siege de la maladie eût été découvert sans qu'on eût été obligé d'ouvrir la tête pour y voir le cerveau & le col, pour examiner l'œsopha-

ge, la trachée artér. & les parties poftérieures de la bouche, alors on ne fé-
pareroit ces parties qu'après avoir fait
l'injection, & on tireroit le cerveau,
fimplement par une ouverture que
l'on feroit à la partie poftérieure de
la tête. L'œfophage, la trachée artére, le larynx, la langue & les autres parties qui les environnent, feront détachés en dedans de la bouche & de la poitrine, en obfervant
de ne point endommager les lévres
ni la peau du col. On tirera de
même les yeux fans intéreffer les paupiéres.

Quant à la partie poftérieure du
col, au dos, aux lombes, aux extrémités & aux autres parties dans
lefquelles on eft obligé néceffaire-
ment de faire des incifions pour les
farcir de poudre, & empêcher par
ce moyen la pourriture, il eft facile
de lever adroitement la peau que l'on
coupera pour cet effet dans un feul
endroit ; de mettre les parties à découvert, & de faire des incifions
dans chacune d'elles, auffi près qu'il
eft néceffaire; de remplir de poudre
ces incifions, & de recouvrir le tout
avec la peau que l'on a détachée, fi

mieux on n'aime enlever les chairs &
les graisses , & mettre en place de la
poudre entremêlée avec des étoupes,
du crin ou du coton.

On remplira les narines , les orbites, la bouche & le devant du col,
comme on l'a indiqué ci-dessus.

On peut faire les injections d'a-
bord avec l'essence de thérébentine,
ou avec quelqu'autre baume ou esprit chargé de vermillon , comme
nous l'avons indiqué dans le *Chap. des
Injections* ; ensuite en introduire une
autre de cire fondue & colorée de
même avec le vermillon.

Voici les avantages que l'on peut
retirer des injections dans les embaumemens.

Comme il ne s'agit point dans ce
cas de préparer les vaisseaux , on
pousse l'injection, surtout la fine, affez fort , pour que non-seulement
elle puisse pénétrer dans tous les plus
petits vaisseaux , mais encore qu'elle
s'extravase dans le tissu cellulaire, ce
qui arrive nécessairement. Or , comme ce tissu sépare toutes les parties
du corps jusques dans leurs élémens,
il s'ensuit qu'il ne se trouve aucun

de ces élémens qui ne soit imbibé de l'injection.

2°. Cette injection, lorsqu'on incise les parties pour les farcir de poudre, fait que cette poudre s'incorpore plus facilement avec ces parties, & qu'elle les préserve plus facilement de la pourriture.

3°. Le visage, les mains & les pieds paroissent alors vivans, surtout si après avoir trempé le visage, les pieds & les mains dans de l'eau chaude, on en enleve adroitement l'épiderme.

Le Cadavre étant ainsi embaumé, on lui met des yeux d'émail; on le garnit des habits convenables pour l'exposer en public, puis après la cérémonie, on l'ensevelit comme il a été dit ci-dessus.

Dans le cas que le Cadavre ne fût pas en état (par quelque motif que ce puisse être) d'être présenté, on a recours alors à une tête, à des mains & à des pieds de cire, que l'on ajuste de maniere qu'ils puissent représenter le Cadavre, tandis qu'il est au-dessous de la représentation, enfermé dans le cerceuil de plomb.

Rien ne frappe plus que les exemples. Nous en donnons un tiré du Traité de M. *Penicher.*

Nous ne pouvons, dit-il, choisir un plus beau modéle d'embaumement, que celui qui fut fait pour Madame la Dauphine, par *M. Riqueur* Apoticaire du Roi & de cette Princesse, accompagné de M. son fils aîné, reçu en survivance en la Charge d'Apoticaire du Roi.

Cet embaumement s'est exécuté avec toute l'habileté & la prudence qu'on ait pu désirer, en présence de *M.* d'*Aquin*, alors premier Médecin du Roi, de *M. Fagon* qui l'avoit été de la feuë Reine, & qui l'est présentement du Roi, de *M. Petit* premier Médecin de *Monseigneur le* Dauphin, de *M. Moreau* premier Médecin de feuë Madame la Dauphine, de *M. Felix* premier Chirurgien du Roi, de *M. Clement* Maître Chirurgien de Paris, & Accoucheur de ladite Princesse, M. *Dionis* son premier Chirurgien, qui opéroit, étant aidé de *M. Baillet* Chirurgien ordinaire, & d'un autre Chirurgien du commun. Madame la *Duchesse* d'Arpajon sa Dame d'honneur, Madame la *Maréchale de* Rochefort,

Dame d'atour, avec plusieurs Dames & femmes de chambre, étoient aussi présentes.

Cette opération ayant été faite avec tant de soin & d'exactitude, mérite bien qu'on en donne au Public une description exacte, en spécifiant les drogues qu'on y a employées & leurs doses. On en doit avoir l'obligation à *M. Rigueur*, qui a bien voulu me communiquer sa méthode, ayant appris que je travaillois sur cette matiére.

Description du Baume qui a été fait pour Madame la DAUPHINE.

R. Racines d'iris de Florence, 3. liv.
    souchet, une liv. & dem.
    angélique de Boheme,
    zingembre,
    calamus aromaticus,
    aristoloche, ana, 1. liv.
    impératoire,
    gentiane,
    valériane, ana, dem. liv.
  Feuilles de mélisse,
    basilic, ana, 1. liv. & dem.
    sauge,
    sariette,

thim, ana, 1. liv.
hyssope,
laurier,
myrrhe,
marjolaine,
oregan,
rhue, ana, dem. liv.
auronne,
absynthe,
mente,
calament,
serpollet,
jonc odorant,
scordium, ana, 4. onc.
fleurs d'oranges, 1. l. & dem.
de roses rouges, 1. liv.
lavande, 4. onc.
rosmarin, 1. liv.
semences de coriandre, 2. liv.
   & dem.
cardamome, 1. liv.
cumin,
carvi, ana, 4. onc.
fruits & baies de geniévre,
   1. liv.
gérofle, 1. liv. & dem.
muscade, 1. liv.
poivre blanc, 4. onc.
oranges séchées, 3. liv.
bois de cédre, 3. liv.

calambour ,
santal citrin ,
roses , ana , 2. liv.
écorces de citrons ,
d'oranges ,
de canelle , ana , dem. liv.
styrax calamite ,
benjoin ,
oliban , ana , liv. & dem.
sandarac , dem. liv.
esprits de vin , 4. pintes , de
    sel , 4. onc.
thérébentine de Venise , 3. liv.
styrax liquide , 1. liv.
baume de Copahu , dem. liv.
baume du Pérou , 2. onc.
toile cirée ,
& plusieurs autres choses néces-
saires en ces occasions, telles ou
approchantes de celles que j'ai
décrites ci-devant.

Le cœur après avoir été vuidé ,
lavé avec de l'esprit de vin & desse-
ché , fut mis dans un vaisseau de
verre avec de l'esprit de sel ; & ce
même viscere ayant été ensuite rempli d'un baume fait de canelle , de
gérofle , de myrrhe , de styrax & de
benjoin , fut enfermé dans un sac de
toile cirée de sa figure , lequel fut mis

dans un cœur, ou une boëte de plomb qu'on fouda auffi-tôt, pour être donné à Madame la *Ducheffe d'Arpajon*, qui le mit entre les mains de *Monfeigneur l'Evêque de* Meaux, premier Aumonier de feue Madame la Dauphine, qui le porta après au Val de Grace.

L'ouverture du corps fut faite le plus méthodiquement qu'il fe puiffe, par M. *Dionis* fon premier Chirurgien, & M. *Riqueur* remplit toutes les capacités d'étoupes & du baume en poudre. Les incifions furent faites le long des bras jufques dans les mains, lefquelles furent munies de cette poudre aromatique, après qu'on en eut exprimé tout le fang, & qu'on les eût lavées avec de l'efprit de vin; on en fit autant aux cuiffes qui furent incifées de part & d'autre, depuis les reins jufques fous les pieds, & le tout fut fort proprement recoufu.

On fe fervit d'une groffe broffe pour frotter le corps d'un baume liquide & chaud, fait avec de la thérébentine, le ftyrax & les baumes de Copahu & du Pérou, comme il eft dofé ci-devant. Chaque partie fut enveloppée avec des bandelettes de linge trempées dans l'efprit de vin. L'on mit autant que l'on put ladite poudre aromatique entre le corps & les bandelettes. Le corps fut revêtu d'une chemife & d'une tunique de Religieufe, & environné d'autres marques de dévotion particuliére, comme d'une petite chainette de fer au bout de laquelle il y avoit une croix, que cette Princeffe gardoit dans un coffre qu'elle avoit fait apporter avec elle de Baviere ; on l'enveloppa enfuite dans une toile cirée, & on le lia fort étroitement pour être pofé dans un cerceuil de plomb, au fond & autour duquel il y avoit quatre doigts dudit baume en poudre. Ce cerceuil étant bien foudé fut enchaffé en un autre de bois, tous les efpaces vuides ayant été remplis d'herbes aromatiques féchées.

Les entrailles bien préparées furent mifes dans un baril de plomb, avec une grande quantité des mêmes poudres aromatiques ; on le fouda bien, & on l'enferma dans un baril de bois, le tout conformément aux préceptes généraux qui ont été donnés ci-deffus.

TABLE

DE L'ANTHROPOTOMIE
OU
DE L'ART DE DISSE'QUER
Toutes les différentes parties solides dont le Corps humain est composé.

La lettre a *indique la premiere Partie,* b *la seconde, & les Chiffres indiquent les Pages.*

PREMIERE PARTIE,
Qui renferme la Myotomie, l'Ostéotomie, la Scélétopéïe & la Névrotomie.

LIVRE PREMIER
DE LA MYOTOMIE,

CHAPITRE PREMIER.
Sur la Dissection en général.

CE que c'est que la *dissection,* a. 1, 2
Elle a deux parties, la *préparation* & la *séparation,* a. 2

CHAPITRE SECOND.

De ce qui eft requis extérieurement pour la Diffection.

CHAPITRE

CHAPITRE TROISIE'ME.

De ce qu'il faut observer sur les Muscles.

Seconde Partie. A a

CHAPITRE QUATRIE'ME.

De la Préparation des Muſcles.

CHAPITRE CINQUIE'ME.

De l'Examen des Muſcles.

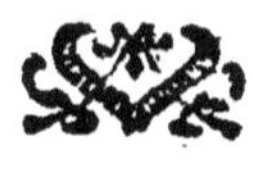

CHAPITRE SIXIE'ME..

De la Séparation des Muscles.

COmment on doit s'y prendre pour féparer les mufcles , lorfqu'on les a examiné , a. 62, 63

CHAPITRE SEPTIE'ME.

De la Méthode de préparer les Mufcles par rapport à eux tous.

LIVRE SECOND.

De l'Ostéo-tomie, de la Chondro-tomie, de la Desmotomie, &c.

Ou de la manière de disséquer les parties rélatives aux Os frais.

CHAPITRE PREMIER.

De l'Ostéo-tomie, &c. de l'Extrémité supérieure.

§. I.

De la Clavicule.

§. II.

De l'Omoplate.

culation & du rebord de sa cavité, a. 94

§. III.

*Des Ligamens des Tendons des Muscles
dela Main.*

Seconde Partie. B b

§. IV.

§. V.

§. VI.

CHAPITRE SECOND.

*De l'Ostéotomie , &c. de l'Extrémité in-
férieure.*

§. I.

§. IV.

§. V.

§. VI.

CHAPITRE TROISIE'ME.

De l'Ostéotomie, &c. de la Tête & du Tronc, a. 133.

§. I.

§. II.

§. III.

§. VI.

LIVRE TROISIE'ME.

De la Scélétopéïe, ou de la maniere de préparer les Squeletes, a. 156.

CHAPITRE PREMIER.

CHAPITRE SECOND.

CHAPITRE TROISIE'ME.

CHAPITRE QUATRIE'ME.

CHAPITRE CINQUIE'ME.

CHAPITRE SIXIE'ME.

LIVRE

LIVRE QUATRIE'ME.

*De la Céphalotomie & de la Névrotomie,
ou de la Préparation du Cerveau &
des Nerfs.*

CHAPITRE PREMIER.

Seconde Partie.   C c

CHAPITRE SECOND.

§. II.

§. III.

§. IV.

§. V.

SECONDE PARTIE

Qui renferme l'Angeïotomie, la Splanchnotomie & l'art d'ouvrir & d'embaumer les Cadavres.

LIVRE PREMIER,

De l'Angeïotomie, ou de la Préparation des Artéres & des Veines.

CHAPITRE PREMIER.

D d ij

CHAPITRE SECOND.

CHAPITRE TROISIE'ME.

CHAPITRE QUATRIEME.

CHAPITRE CINQUIE'ME.

CHAPITRE TROISIE'ME.

CHAPITRE QUATRIE'ME.

CHAPITRE CINQUIE'ME.

CHAPITRE SIXIE'ME.

DE la maniere de préparer les
     viſcéres, &c. pour les conſer-
ver,   b. 173, & ſuiv.

LIVRE TROISIE'ME.

*De la maniere d'ouvrir & d'embaumer
les Cadavres.*

CHAPITRE PREMIER.

§. I.

§. II.

§. III.

PREMIER CAS.

HISTOIRE ANATOMICO-MEDICALE

SECOND CAS.

TROISIE'ME CAS.

QUATRIE'ME CAS.

CINQUIE'ME CAS.

CHAPITRE SECOND.

§. I.

§. II.

E e ij

baumement doivent être munis,
b. 262, 263
Formules des linimens propres à
frotter le Cadavre, b. 263, 264

§. III.

De ce qu'on a à faire pendant l'embaumement, b. 264, jufqu'à 273
Exemple d'un embaumement, b. 273,
jufqu'à la fin.

E R R A T A

De la Seconde Partie.

Pag. 11. lig. 23. leur diftribution (eft de
 trop.)
Pag. 16. lig. 1. façon, lifez *façon*.
Id. lig. 22. ventricules, du cerveau : lifez
 ventricules du cerveau.
Pag. 22. lig. 21. ces : lifez *cet.*
Pag. 55. lig. 26. bronches : lifez *branches*
Pag. 153. lig. 19. fa : lifez *la.*
Pag. 157. lig. 2. ties : lifez *parties.*
Pag. 207. lig. 5. fût : lifez *lût.*
Pag. 251. lig. 2. chachés : lifez *chaffés.*
Pag. 259. lig. 1. le labdanum : lifez *le bitume
de Judée.*

QUATRIE'ME PLANCHE.

Fig. 1re.

A B C D E **L**E piston de la seringue , à la partie su-
périeure duquel se voit

B Le couvercle qui se monte à vis
sur la partie supérieure K de la seringue.

C D Le piston garni par une de ses extrémités de deux cercles CD de cuivre entre lesquels se trouve

J Un rouleau de bois que l'on garnit d'étoupe , lorsqu'il ne peut remplir exactement le corps de la seringue , & qui peut se démonter en
ôtant le cercle D monté à vis sur
l'extrémité E du manche du piston.

Fig. 2.

F G Petit écrou percé à vis dans son
milieu F pour se monter sur l'extrémité E du piston , & y fixer le cercle D avec la partie inférieure duquel il ne doit former qu'un même
plan.

G Deux petits trous , un de chaque

côté, pour y recevoir les extrémités I.

Fig. 3.

De l'inſtrument H I.

Fig. 4.

K L M Le corps de la ſeringue.

K Son extrémité ſupérieure figurée en vis pour recevoir le couvercle B. fig. 1ʳᵉ.

L Le milieu de la ſeringue qu'on garnit de linge lorſqu'on fait les injections.

M Sa partie inférieure figurée en vis pour recevoir les tuyaux N O P, fig. 5. 6.

Fig. 5.

N O P Tuyaux qui ſe montent à vis, ſur l'extrémité M de la ſeringue.

O Ouverture du tuyau, figurée en dedans en vis.

P Ses branches.

N Le corps du tuyau qui s'inſinue dans un autre tuyau S T U V, fig. 7. &c. attaché aux vaiſſeaux que l'on veut injecter.

Fig. 6.

N O P Comme dans la figure 5.

Q R Tuyau ajouté sur ses parties latérales, dont la partie Q est de cuivre, & garnie d'une clef pour laisser passer la liqueur qui s'éleve par le tuyau flexible de cuire R que l'on fait entrer dans le vase où est l'injection, afin de pouvoir, sans ôter le tuyau N O P des tuyaux S T U, faire remonter l'injection dans la seringue lorsqu'elle est vuide, & la repousser ainsi de suite en fermant la clef Q, & en ouvrant la clef U des tuyaux attachés aux vaisseaux.

Fig. 7. 8. 9.

S T U V. Tuyaux de différentes grandeurs que l'on insinue dans les vaisseaux que l'on arrête sur l'extrémité de ces tuyaux au moyen de la coche T, & dans l'extrémité S desquels s'insinue N O P le tuyau de la seringue qui doit remplir exactement leur ouverture S.

U. La clef que l'on peut fermer & ouvrir lorsqu'il s'agit de laisser ou d'empêcher de passer l'injection.

V. Les branches que l'Anatomiste soutient, tandis qu'il fait l'injection.

Fig. 9.

X Y Z. Valvule qui fait la fonction de la clef U dans les autres tuyaux.

X. La vis qui se monte dans l'extrémité Y.

Z. La valvule arrêtée par une charniere sur un des bords de cette vis, & de maniere qu'elle peut s'ouvrir lorsque la liqueur passe de la partie V X. du tuyau dans son autre partie Y T. & se fermer lorsqu'elle revient de la partie T Y. vers la partie X V.

Fig. 10.

Un microscope simple dont le barillet a c est garni dans son fond d'un verre c. tandis que son couvercle b d. qui se monte à vis sur le barillet, est garni dans son milieu de la lentille d.

Fig. 11.

Loupe.

Fig. 12. 13.

Tubes ou chalumeaux de différentes figures pour insinuer l'air dans les vaisseaux.

F I N.

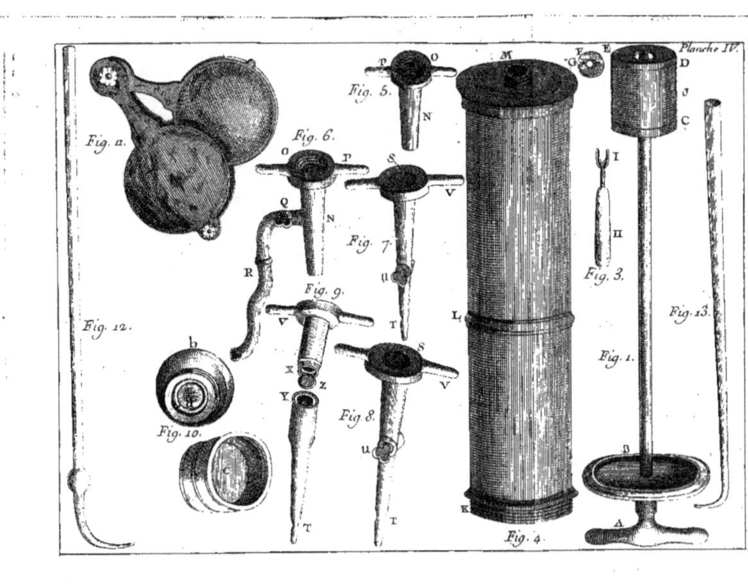

Planche IV.
Fig. 5.
Fig. 6.
Fig. 7.
Fig. 8.
Fig. 9.
Fig. 10.
Fig. 11.
Fig. 12.
Fig. 13.
Fig. 1.
Fig. 3.
Fig. 4.

der nos Lettres de Privilege pour ce né-
cessaires: A ces causes, voulant favora-
blement traiter l'Exposant, Nous lui
avons permis & permettons par ces Présentes de faire imprimer ledit ouvrage en
un ou plusieurs Volumes, & autant de
fois que bon lui semblera, & de le vendre, faire vendre & débiter par tout notre Royaume, pendant le tems de neuf
années consécutives à compter du jour de
la date desdites Présentes: Faisons défen-
ses à tous Libraires, Imprimeurs & autres personnes de quelque qualité & condition qu'elles soient d'en introduire d'im-
pression étrangere dans aucun lieu de notre obéissance, comme aussi d'imprimer
ou faire imprimer, vendre, faire vendre,
débiter ni contrefaire ledit ouvrage, ni
d'en faire aucun Extrait sous quelque pré-
texte que ce soit, d'augmentation, cor-
rection, changement ou autres, sans la
permission expresse & par écrit dudit Exposant ou de ceux qui auront droit de
lui, à peine de confiscation des Exemplaires contrefaits, de trois mille livres
d'amende, contre chacun des contreve-
nans, dont un tiers à Nous, un tiers à
l'Hôtel-Dieu de Paris, & l'autre tiers au-
dit Exposant ou à celui qui aura droit de
lui, & de tous dépens, dommages & in-

térêts ; à la charge que ces Préſentes ſe-
ront enregiſtrées tout au long ſur le
Regiſtre de la Communauté des Libraires
& Imprimeurs de Paris dans trois mois de
la date d'icelles ; que l'impreſſion dudit
ouvrage ſera faite dans notre Royaume
& non ailleurs, en bon papier & beaux
caracteres conformément à la feuille
imprimée attachée pour modele ſous le
contre-ſcel deſdites Préſentes ; que l'Im-
pétrant ſe conformera en tout aux Réglemens de la Librairie & notamment à
celui du 10. Avril 1725. qu'avant de l'expoſer en vente le Manuſcrit qui aura ſervi de copie a l'impreſſion dudit ouvrage
ſera remis dans le même état où l'Approbation y aura été donnée ès mains de notre très cher & féal Chevalier le ſieur
Dagueſſeau, Chancelier de France, Com-
mandeur de nos Ordres, & qu'il en ſera
enſuite remis deux Exemplaires dans notre
Bibliotheque publique, un dans celle de
notre Château du Louvre, & un dans
celle de notre très-cher & féal Chevalier
le ſieur Dagueſſeau, Chancelier de France,
le tout à peine de nullité deſdites Préſentes: du contenu deſquelles vous mandons
& enjoignons de faire ſoüir ledit Expo-
ſant & ſes ayans cauſes pleinement &
paiſiblement, ſans ſouffrir qu'il leur ſoit

fait aucun trouble ou empêchement ;
voulons que la copie des Préfentes qui
fera imprimée tout au long au commencement ou à la fin dudit ouvrage, foit
tenue pour duement fignifiée, & qu'aux
copies collationnées par l'un de nos amés
& féaux Confeillers & Secrétaires foi foit
ajoûtée comme à l'Original : comman-
dons au premier notre Huiffier ou Sergent
fur ce requis de faire pour l'exécution
d'icelles tous Actes requis & néceffaires,
fans demander autre permiffion & non-
obftant Clameur de Haro, Charte Nor-
mande & Lettres à ce contraires. Car tel
eft notre plaifir. DONNE' à Paris, le
trentiéme jour du mois d'Août, l'an de
grace mil fept cent quarante-neuf, & de
notre Regne le trente-quatriéme. Par le
Roi en fon Confeil.

SAINSON.

*Regiftré fur le Regiftre XII. de la Cham-
bre Royale des Libraires & Imprimeurs de
Paris, Nº. 221. fol. 204. conformément
aux anciens Réglemens confirmés par celui
du 28. Fevrier 1723. à Paris le 2. Septembre 1749.*

G. CAVELIER, *Syndic.*